建筑工程测量教学
设计与研究

齐秀峰　弓永利　著

黄河水利出版社
·郑州·

内 容 提 要

本书主要包括绪论、建筑工程测量课程标准研究、建筑工程测量课程教学整体设计、建筑工程测量课程教学辅助设计、建筑工程测量工作任务指导书设计、建筑工程控制测量实例设计、工程综合案例设计,共计七部分内容。本书内容体现了高职高专建筑工程测量课程教学特点,充分结合工程实践,突出实际行动技能的培养,强调新规范和新技术的应用。

本书可作为高职高专教师进行建筑工程测量课程教学及课程研究详细参考用书,同时为其他相关课程的教学和改革提供参考借鉴之用。

图书在版编目(CIP)数据

建筑工程测量教学设计与研究/齐秀峰,弓永利
著.—郑州:黄河水利出版社,2018.4
ISBN 978-7-5509-2016-3

Ⅰ.①建… Ⅱ.①齐…②弓… Ⅲ.①建筑测量-教学研究-高等职业教育 Ⅳ.①TU198

中国版本图书馆 CIP 数据核字(2018)第 081734 号

出 版 社:黄河水利出版社
　　　地址:河南省郑州市顺河路黄委会综合楼 14 层　邮政编码:450003
发行单位:黄河水利出版社
　　　发行部电话:0371-66026940、66020550、66028024、66022620(传真)
　　　E-mail:hhslcbs@ 126. com
承印单位:河南新华印刷集团有限公司
开本:787 mm×1 092 mm　1/16
印张:16.25
字数:283 千字　　　　　　　　　印数:1—1 000
版次:2018 年 4 月第 1 版　　　　　印次:2018 年 4 月第 1 次印刷

定价:48.00 元

前　言

本书结合土建类专业的人才培养目标，按照高职高专教育的方法及特点进行著作。按照高职教育"以服务为宗旨，以就业为导向，推进教育教学改革，实行工学结合、校企合作、顶岗实习的人才培养模式"的指导方针和高职教育"主要培养高素质技术技能人才"的教育目标，根据目前建筑行业工程测量岗位的需求及高职教育人才培养模式改革的需要，结合基于工作过程系统化的理念，进行了建筑工程测量课程教学的设计与研究，形成了基于工作过程的"教、学、做"一体化的教学模式。

本书是由内蒙古建筑职业技术学院的齐秀峰、弓永利两位老师结合多年的建筑工程测量课程教学改革成果与教学经验进行著作的。本书包括绪论、建筑工程测量课程标准研究、建筑工程测量课程教学整体设计、建筑工程测量课程教学辅助设计、建筑工程测量工作任务指导书设计、建筑工程控制测量实例设计、工程综合案例设计共计七部分内容。其中，绪论由齐秀峰、弓永利合著，第一章建筑工程测量课程标准研究、第二章建筑工程测量课程教学整体设计、第三章建筑工程测量课程教学辅助设计由齐秀峰著作，第四章建筑工程测量工作任务指导书设计、第五章建筑工程控制测量实例设计、第六章工程综合案例设计由弓永利著作。

由于作者水平有限，加之时间仓促，书中难免有不足之处，恳请读者给予批评指正。

作　者

2018 年 1 月

目　录

绪　论

《国家中长期教育改革和发展规划纲要（2010—2020年）》指出："以服务为宗旨，以就业为导向，推进教育教学改革，实行工学结合、校企合作、顶岗实习的人才培养模式。"以工学结合为人才培养模式，走产、学、研结合的发展道路，按照高职教育的指导方针和高职教育主要培养高素质技术技能人才的教育目标及高职教育人才培养模式改革的需要，必须加强课程教学模式的改革与创新。如何进行课程改革与创新、提高教育教学质量，教育教学工作者们一直在探索着、研究着与实践着。

建筑工程测量课程是建筑工程技术等专业的专业基础课，也是与实际工程建设紧密联系的一门学科，有着很大的实践性和应用性。在多年的教学过程中，作者对该课程教学目标、内容选取安排、教学组织实施方式等方面也在不断地进行着教学改革研究与实践，总结出了宝贵的经验，尤其是在近几年的教学改革研究与实践中，以工学结合的人才培养模式为指导，以技能培养为中心，以职业能力培养为重点，通过对建筑行业企业专家、课程专家的访谈和教学团队的研讨，对实际工程工作过程的分析，结合建筑行业测量岗位需求，依据专业能力目标、方法能力目标、社会能力目标及基于工作过程系统化的理念，进行了课程标准研究和课程教学整体设计，形成了以工作任务为载体、以学生为主体、以教师为主导、以实训为手段、基于工作过程的"教、学、做"一体化的教学模式。

（1）以工作任务为载体，整合优化教学内容。

根据"以技能型专业人才培养为目标，以理论知识适度够用为原则，充分结合实际工程需求，注重培养学生的实际工作技能"的设计要求，根据行业企业发展需求和完成职业岗位实际工作所需要的知识、能力、素质要求，设计以工作任务为中心的工程项目教学课程体系。将该课程的教学内容进行优化和设计为四个教学项目即平面坐标测量、高程测量、建筑施工测量、建筑物变形观测。将每个教学项目根据理论知识、测量方法、工作内容等的不同又设计为十六个工作任务，以工作任务为课程实施单元，将测绘仪器的操作、实际工作中所用到的测量知识与技能都蕴含于所设计的工作任务中，并在真实的或者仿真的学习情境中按照工作过程来完成工作任务，这样使学生每完成一个工作任务就掌握了在实际岗位工作中所要求的知识和技能。

（2）开发学习情境设计，使学生体验工作过程。

学习情境是基于工作过程系统化的课程的实施方案，也是以工作任务为载体的主题学习单元。创设学习情境的目的是帮助学生更有效地学习知识和技能，实现专业能力、方法能力和社会能力（职业能力）的培养。这里以工作任务为载体，从而归纳设计出十六个学习情境。每个学习情境的设计都是基于工作系统化的理念，在真实的和仿真的学习环境中，依照"资讯、决策、计划、实施、检查、评估"六个步骤来设计和组织实施教学，将学生的职业能力、职业素养和工程意识的培养融入到学习过程中，将学生的学习过程融入到具体的工作过程中，培养学生实际工作的综合能力和素养。

（3）设计学生工作页，引导学生在工作中学习。

以工作任务为载体，依据学习情境设计学生工作页，其目的主要是引导学生顺利开展工作任务，使学习过程与工作过程更加明确、思路更加清晰，让学生在知识准备、明确任务、制订计划、做出决策、组织实施、质量控制、评价反馈的进程中进行工作和学习，在学生工作页的引导下从接受任务到完成任务，经过小组成员的共同学习、商讨、决策计划、具体工作实施、总结等环节，且在计划、决策、实施过程中自主学习的比例大大提高，而教师主要承担引导、组织、答疑和总结、评价、反馈工作，让学生有效地完成工作任务，解决工作中的问题，真正地实现"在工作中学习、在学习中工作"，促进学生社会能力、职业能力等综合能力与素质的发展。

（4）设计以任务驱动教学为主、多种手段并存的教学方式。

采用任务驱动法教学，通过工程测量学习任务的展开，使学生成为主体，积极思考，将理论知识依据工作任务所需进行解构，再依据各工作过程重构，在工作实践的学习情境中进行理论知识的学习。同时，不同的工作内容应采用不同的教学方式和手段，如讲授法、现场教学法、角色扮演法、小组讨论法、指导反馈法等，并结合多媒体、视频、微课等教学资源辅助手段，给学生提供更多的现场情景，贴近实际现场，最大程度地鼓舞学生参与学习和工作的积极性，以便达到最佳的教学效果。在工作任务组织实施的过程中，使理论和实践真正地结合在一起，实现了"教、学、做"一体化。

（5）设计以过程性评价和结果性考核相结合的考核方式。

课程评价的目的不仅是考察学生达到学习目标的程度，更是检验和改进学生的学习和教师的教学效果。在这里改革传统的只注重理论知识考核和单一的期末试卷笔试加平时成绩的做法，突出以能力本位，从知识与能力、过程与方法、情感态度与价值观几方面进行评价,设计为对工作过程的考核(过程性评价)和对理论知识掌握程度的考核(结果性考核)。过程性评价结合学生在完成任务过程中的信息检索(如知识查阅与应用)、工作过程(如学习态度、认真程度、出勤、工作的积极性及主动性、协作程度等)、工作能力(如工作统筹、协调、合作能力等)和工作结果(如知识掌握程度、工作质量等)等方面进行评价指标设计,根据评价指标采取教师评价、学生自我评价与学生间互相评价相结合的方式进行。结果性考核主要采用口试、笔试(侧重于测量数据计算与成果整理)和操作考核(侧重于仪器操作和单项工作能力)的形式来进行,以全面考察学生的技能掌握程度。

(6)设计工程综合案例和测量数据实例,搭起知识学习与实际应用之桥梁。

在该课程的教学改革设计与研究中,设计引入了仿真的控制测量工作实例和工程综合案例,通过亲身经历的工程实例和案例,使得学生能够清楚地知道工程建设过程中用到的测量方面的基本知识和工作技能,明确岗位工作的真正需求是什么,有助于学生了解该课程的学习目的、明白这门课程在实际工程中的作用和意义,再加之对课程定位、课程目标等的了解,学生就会了解到学完本课程后能够从事哪些方面的测量工作,需要哪些测量知识与技能,避免了学生从思想上对于开设这门课程的目的不明确的窘境,实现课程知识与岗位需要的对接,做到理论与实际的结合,起到了将理论知识应用于实际工程中的桥梁和纽带的作用。

本课程是门实践性非常强的基础学科,也是后续相关课程的基础课程,只有走出传统的以知识为主的课程教学模式,探索有效的教学方式方法才能真正促进学生构建测量基本知识,解决实际岗位工作问题。这就要求教师要与时俱进,改革创新,不断学习和更新课程改革的新理念,探索新方法,优化课程内容,进行教学设计与研究,形成更加适合高职教育培养目标的课程教学体系。

本著作有建筑工程测量课程标准研究、建筑工程测量课程教学整体设计、建筑工程测量课程教学辅助设计、建筑工程测量工作任务指导书设计和建筑工程控制测量实例设计与工程综合案例设计等内容,这是著作者近几年总结教学工作经验,积极进行教学改革研究的成果。

第一章　建筑工程测量课程标准研究

第一节　课程概述

一、课程性质

通过对建筑行业和测绘企业走访调研分析,建筑工程技术专业学生毕业后主要的就业岗位是施工员、监理员、质检员、测量员,其岗位核心能力之一就是要具备基本的测量工作技能,而测量工作能力的培养需要开设建筑工程测量课程。本课程涵盖了房屋、道桥等工程建设与施工过程中的比较全面的基本测量工作内容,起着先导性、关键性的作用,其主要任务是通过本课程的学习,培养学生运用相关测绘仪器及工具、理论知识与技能,为工程项目的勘测、施工、监理、运营管理等提供必要的基础资料和技术保障,是高职高专建筑工程技术专业开设的一门重要的、具有很强实践性的专业基础课程,对学生职业能力的培养和职业素养的养成起着主要的支撑作用。在整个课程体系中,本课程与高等数学、建筑识图、建筑结构与构造、建筑施工技术等课程也有着很大的联系。

二、课程基本思路

《国家中长期教育改革和发展规划纲要(2010—2020年)》指出:"以服务为宗旨,以就业为导向,推进教育教学改革。实行工学结合、校企合作、顶岗实习的人才培养模式。"以工学结合为人才培养模式,走产、学、研结合的发展道路,按照高职教育的指导方针和高职教育主要培养高素质技术技能人才的教育目标,根据目前建筑行业测量岗位的需求及高职教育人才培养模式改革的需要和基于工作过程系统化的理念,以工学结合的人才培养模式为指导,以技能培养为中心,以职业能力培养为重点,实现"在工作中学习,在学习中工作"和"零距离上岗"的教学目标,实施基于工作过程系统化的课程开发与建设,以建筑工程中实际测量工作项目的实施为导向,以工作任务为载体、以学生为主体、以教师为主导、以实训为手段,形成基于工作过程的"教、学、做"一体化的教学模式。

三、课程设计理念与思路

通过对建筑行业企业专家、课程专家的访谈和教学团队研讨，进行实际工程工作过程分析，结合建筑行业测量岗位需求，依据专业能力目标、方法能力目标、社会能力目标及基于工作过程系统化的理念进行课程设计，在课程内容的优化设计和编排上遵循"以工作过程引领专业知识、以工作任务确定课程内容"的基本原则，改变传统的按教材章节顺序进行理论教学和实训的模式，设计以工程项目为导向、以工作任务为载体、基于工作过程的"教、学、做"一体化的课程体系，紧紧围绕为完成工程项目的需要来选择、组织和优化课程内容，突出工作任务与知识的联系，让学生在职业实践活动的基础上掌握知识和技能，提高学生的实际工作能力。具体来讲，该课程的设计思路如下：

（1）以工程实例为开篇说课、明确课程学习目的。

第一次课很关键，一定要做好第一次课程设计。在第一次课时首先要进行说课，不仅需要教师设计好以语言逻辑、谈吐幽默为主的开场白，更要引入真实的工程测量工作实例，通过亲身经历的工程实例引出工程建设过程中用到的测量方面的基本知识和工作技能，并介绍岗位工作的真正需求是什么，使学生一接触到这门课就能够知道学习本门课程的目的，了解这门课程在实际工程中的作用和意义，再加之通过课程定位、课程目标等的说课，学生就会了解到学完本课程后能够从事哪些方面的测量工作，需要哪些测量知识与技能，避免了学生从思想上对于开设课程的目的不明确的窘境，实现课程知识与岗位需要的对接，做到理论与实际的结合，从而实现真正的"零距离上岗"。

（2）以工作任务为载体，整合优化教学内容。

根据"以技能型专业人才培养为目标，以理论知识适度够用为原则，充分结合实际工程需求，注重培养学生的实际工作技能"的设计要求，根据行业企业发展需求和完成职业岗位实际工作所需要的知识、能力、素质要求，设计以工作任务为中心的工程项目教学课程体系。将该课程的教学内容进行优化和设计为四个教学项目即平面坐标测量、高程测量、建筑施工测量、建筑物变形观测。将每个教学项目根据理论知识、测量方法、工作内容等的不同又设计为十六个工作任务，以工作任务为课程实施单元，将测绘仪器的操作、实际工作中所用到的测量知识与技能都蕴含于所设计的工作任务中，并在真实的或者仿真的学习情境中按照工作过程来完成工作任务，这样使学生每完成一个工作任务就掌握了在实际岗位工作中所要求的知识和技能。通过工作任务的组织实施过程，来培养和锻炼学生的实际工作技能及自主学习、分析问题、解决问题的能力,同时培养了学生的职业能力和职业素养。在教学内容选取和优化设计中,摒弃了实际工程中不用的或很少用的测量仪器和理论,如微倾式水准仪、光学经纬仪等,而是以自动安平水准仪、电子水准仪、全站仪、GNSS测量技术等在建筑工程中的应用为主,体现出了现代测量手段和方法的实用性、先进性和现势性,克服了知识、技能与实际工作岗位脱节、联系不紧密的弊端,增强了课程的整体性,使得教学内容设计更加合理、层次更加清晰,教学目标更加明确。

(3)开发学习情境设计,使学生体验工作过程。

学习情境是基于工作过程系统化的课程的实施方案,也是以工作任务为载体的主题学习单元。创设学习情境的目的是帮助学生更有效地学习知识和技能,实现专业能力、方法能力和社会能力(职业能力)的培养。学习情境的设计和开发要符合专业特征。这里以工作任务为载体,从而归纳设计出十六个学习情境。每个学习情境的设计基于工作系统化的理念,依照"资讯、决策、计划、实施、检查、评估"六个步骤来设计和组织实施教学,将学生的职业能力、职业素养和工程意识的培养融入到学习过程中,将学生的学习过程融入到具体的工作过程中。为了使学生从经验的积累达到策略的提升,使之通过在一定情境中的学习与训练达到熟能生巧的目的,因此各个学习情境的设置在同一范畴内,其实施过程、步骤和方法都是重复的,都是"资讯、决策、计划、实施、检查、评估"六步法,但不重复的是工作和学习内容,这样既能积累经验,又有一定的差异性,使学生能够达到知识与技能的迁移,从而能够培养学生实际工作的综合能力。

(4)设计学生工作页,引导学生在工作中学习。

以工作任务为载体,依据学习情境设计学生工作页,其目的主要是引导学生顺利开展工作任务,使学习过程与工作过程更加明确、思路更加清晰,让学生在准备知识、明确任务、制订计划、做出决策、组织实施、控制质量、评价反馈的进程中进行工作和学习,在学生工作页的引导下从接受任务到完成任务,经过小组成员的共同学习、商讨、决策计划、具体工作实施、总结等环节,且在计划、决策、实施过程中自主学习的比例大大提高,而教师主要承担引导、组织、答疑和总结、评价、反馈工作,让学生有效地完成工作任务,解决工作中的问题,真正地实现"在工作中学习、在学习中工作",并能了解未来的职业工作,能够促进学生社会能力、职业能力等综合能力与素质的发展。

(5)以任务驱动教学为主、教学方式灵活。

采用任务驱动法教学,通过工程测量学习任务的展开,使学生成为主体,积极思考,理论知识依据工作任务所需进行解构,再依据各工作过程重构,在工作实践的学习情境中进行理论知识的学习。同时,不同的工作内容应采用不同的教学方式和手段,如讲授法、现场教学法、角色扮演法、小组讨论法、指导反馈法等,并结合多媒体、视频、微课等教学资源辅助手段,给学生提供更多的现场情景,贴近实际现场,最大程度地鼓舞学生参与学习和工作的积极性,以便达到最佳的教学效果。在工作任务组织实施的过程中,使理论和实践真正的结合在一起,实现了"教、学、做"一体化。

(6)以过程性评价和结果性考核相结合的考核方式。

课程评价的目的不仅是考察学生达到学习目标的程度,更是检验和改进学生的学习和教师的教学,突出该课程评价的整体性和综合性,要从知识与能力、过程与方法、情感态度与价值观几方面进行评价,以全面考察学生的技能掌握程度,注重评价的多样性。这里改革传统的只注重理论知识考核和单一的期末试卷笔试加平时成绩的做法,突出能力本位,强调对工作过程的考核(过程性评价)和对理论知识掌握程度的考核(结果性考核)。过程性评价结合学生在完成任务过程中的信息检索(如知识查阅与应用)、工作过程(如学习态度、认真程度、出勤、工作的积极性及主动性、协作程度等)、工作能力(如工作统筹、协调、合作能力等)和工作结果(如知识掌握程度、工作质量等)等方面进行评价指标设计,根据评价指标采取教师评价、学生自我评价与学生间互相评价相结合的方式进行。结果性考核主要采用口试、笔试(侧重于测量数据计算与成果整理)和操作考核(侧重于仪器操作和单项工作能力)的形式来进行。

第二节　课程目标

高职教育的培养目标是培养面向生产、建设、服务和管理第一线的高素质技术技能人才。毕业生不但要懂得某一专业的基础理论与基本知识,更重要的是要具有某一岗位群所需要的生产操作和组织能力,并能在生产现场进行技术指导和组织管理,解决生产中的实际问题。按照人才培养计划和培养目标来确定课程目标。

一、总体目标

通过该课程的学习,要求学生掌握建筑工程专业方面测量的基本理论、方法和技能,具有运用所学知识和技能分析、处理、解决实际工程中有关测量问题的初步能力,熟悉现代测绘仪器与技术在整个建筑工程建设与施工过程中的应用,使学生能够承担建筑工程、建筑钢结构、建筑设备等工程应该具备的基本测绘和测设的职业岗位能力。同时,培养学生具有良好的职业道德、团队精神和妥善处理人际关系的能力,并培养学生严谨认真的科学精神和求真务实的科学态度。总之,该课程主要是培养学生的专业能力、方法能力、社会能力等方面的综合职业能力。

二、能力目标

学生能够运用测量仪器、工具和测量的基本知识,根据《工程测量规范》(GB 50026—2007)、《城市测量规范》(CJJ/T 8—2011)等测量规范和其他相关资料,做实际工程中具体的测量和测设工作。

(1)能够熟练操作全站仪进行角度测量和距离测量及其测量数据的计算。

(2)会熟练操作全站仪进行导线测量并掌握其内业计算。

(3)能够操作全站仪进行坐标测量或数据采集工作。

(4)能够进行 GNSS RTK 坐标、高程测量及工程放样工作。

(5)能够熟练使用水准仪进行普通水准测量及内业数据计算处理;会二、三、四等水准测量的外业测量与数据计算、检核、高差配赋、成果整理等;并熟知二、三、四等水准测量的测量技术要求和精度指标。

(6)能够熟练使用全站仪进行三角高程测量工作。

(7)能够运用测量仪器及工具进行建筑施工控制测量、建筑物的施工测量与测设工作。

(8)会建筑基础的基坑开挖边线计算与测设、基础定位放线工作,会控制基底标高和测设高程。

(9)会建筑物的竣工测量工作、编绘竣工总平面图。

(10)会建筑物的沉降观测、倾斜观测,编写技术方案,外业施测与内业数据处理,变形分析总结。

三、知识目标

(1)了解测量的基本概念,熟悉测量坐标系、高程基准等基本知识。

(2)掌握普通水准测量,三、四等水准测量,二等水准侧量的技术要求,测量程序和内业计算。

(3)理解三角高程测量的工作原理,掌握其测量方法和内业计算。

(4)掌握角度测量、距离测量的方法和相关计算,能熟练操作全站仪进行角度测量和距离测量。

（5）掌握导线测量的外业工作和内业计算。

（6）掌握全站仪的使用方法，能使用全站仪进行基本的测量工作、数据采集和施工放样工作。

（7）了解卫星导航定位技术，理解 GNSS RTK 测量技术原理，能够操作 GNSS 接收机和工作手簿进行实际工程的测量和放样工作。

（8）掌握建筑施工场地平整的方法和土方量计算，会做施工控制测量工作。

（9）掌握建筑物基坑开挖、标高控制、基础定位和施工放线工作，掌握建筑物主体工程的定位测量、施工放线、轴线传递、标高引测等工作。

掌握建筑物的沉降观测、倾斜观测等的技术方案编写、变形测量和数据处理分析。

四、素质目标

（1）具有发现问题、解决问题的能力和创新能力。

（2）具有制订工作计划、合理安排、组织实施、协调管理的工作能力。

（3）具有一定的理解能力、自学能力、主动学习新知识和技能的能力。

（4）具有吃苦耐劳、团队合作的工作作风和严谨认真、求真务实的工作态度。

（5）具有和具备一定的表达、沟通和交际能力及妥善处理人际关系的能力。

（6）具有综合运用知识和技术从事较复杂测量工作的能力。

第三节　教学内容设计

根据行业企业实际建筑工程建设涉及的测量工作及其相应岗位的职业能力分析，将建筑工程测量课程的教学内容设计为基于实际工作过程，实现"教、学、做"一体化的教学过程，改变传统的教学模式，将该课程的教学内容设计为四个教学项目，分别是平面坐标测量、高程测量、建筑施工测量、建筑物变形观测，又将每个教学项目分为几个具体的学习任务，以每个学习任务作为一个教学单元（每个教学子任务对应于一次课时的教学）。将测量仪器的操作和实际工作当中所用到的测量知识与技能及测绘新技术的应用都蕴含于所设计的学习任务中，使学生每完成一个学习任务就能学习到该任务涉及的知识与技能，每完成一个教学模块的教学让学生能够掌握在实际工程中实施该项目所涉及的知识点和技能点，具体教学内容如表 1-1 所示。

表 1-1 教学内容列表

序号	教学项目	学习任务	知识点	技能点	学时
1	平面坐标测量	工作任务一、全站仪导线测量	掌握导线测量的基本知识:平面控制测量概述、测量坐标系、导线的布设等精度指标要求、导线测量的内外业工作内容;电子经纬仪、全站仪的认识与使用;水平角的观测和计算;水平距离测量;坐标方位角的计算;导线测量的外业工作和内业计算	能够熟练操作电子经纬仪、全站仪,钢尺等仪器及测量工具进行水平角测量,距离测量;会操作全站仪或者电子经纬仪配合钢尺等方法进行导线测量外业工作;能熟练进行导线测量的内业计算	16
		工作任务二、全站仪坐标测量	全站仪的程序测量;全站仪建站过程;全站仪数据采集	会用全站仪进行坐标测量和数据采集	4
		工作任务三、GNSS坐标测量	卫星导航定位技术(GNSS)概述;GNSS RTK 动态测量概述;GNSS RTK 坐标采集的方法;GNSS RTK 在建筑工程中的应用;GNSS 静态测量	会操作 RTK 接收机和手簿进行坐标测量	8
2	高程测量	工作任务四、普通水准测量	水准仪的认识与使用;普通水准测量的外业测量及内业计算:水准测量原理、水准路线的布设形式、普通水准测量的施测方法及内业成果处理计算,水准路线的检核方法,水准测量的误差分析	能够熟练操作水准仪进行普通水准测量,并会进行水准测量的内业计算和数据处理	10

· 10 ·

续表 1-1

序号	教学项目	学习任务	知识点	技能点	学时
		工作任务五、三、四等水准测量	三、四等水准测量的技术要求；三、四等水准测量的外业观测程序及测站计算；三、四等水准测量的内业校核与成果计算	会进行三、四等水准测量及其成果计算	6
2	高程测量	工作任务六、二等水准测量	电子水准仪的认识及使用；二等水准测量的技术要求；二等水准测量的外业观测过程及测站计算；二等水准测量的内业成果计算	会进行二等水准测量及其成果计算	4
		工作任务七、三角高程测量	竖直角的观测与计算；三角高程测量原理；球气差影响及改正方法；三角高程测量的实施与计算	会采用三角高程测量的方法进行高差测量和计算	4
		工作任务八、GNSS高程测量	GNSS 拟合高程测量主要技术要求；GNSS 拟合高程测量过程；GNSS 拟合高程计算	会进行 GNSS 拟合高程测量	4
3	建筑施工测量	工作任务九、施工场地平整	地形图的基本知识及基本应用；地形图在场地平整中的应用；场地平整及土方量计算	能识读地形图，会进行施工现场场地平整及土方量的计算	6
		工作任务十、建筑施工控制测量	施工控制网的特点和种类；平面控制网的测设方法；施工高程控制网的测设	能够结合上述所学测量知识进行施工平面控制网和高程控制网的布设及测量工作	6

续表 1-1

序号	教学项目	学习任务	知识点	技能点	学时
		工作任务十一、建筑物定位放线与±0标高测设	建筑规划图、施工图的识读；建筑物特征点坐标的提取；点的平面位置测设的方法；已知高程点的测设方法	会建筑物的定位放线工作和引测±0标高	6
		工作任务十二、基础施工测量	基坑（槽）开挖边线位置的推算；基底标高的控制方法；水平桩的测设；坑（槽）底基础放线方法；基础位置和细部测设及检核方法	会常见基础的基础标高控制及其施工放线测量工作	6
3	建筑施工测量	工作任务十三、建筑物轴线与测高传递	轴线放线与投测（直线投测）；多层建筑的轴线投测方法；高层建筑的轴线投测方法；各层标高和+50线的测设方法	会进行多层、高层建筑物轴线的投测，会建筑物的各层标高测设工作	4
		工作任务十四、竣工测量	竣工测量的目的；竣工测量的内容和工作方法；竣工测量的方法；竣工测量的资料及成果	会进行竣工测量	4

续表 1-1

序号	教学项目	学习任务	知识点	技能点	学时
4	建筑物变形观测	工作任务十五、建筑物的沉降观测	沉降观测的原理与方法；沉降基准点，工作基点、观测点的布设要求；观测时间和精度要求；沉降观测的成果整理及数据分析	会进行建筑物的沉降观测和数据分析总结	4
		工作任务十六、建筑物的倾斜观测	建筑物倾斜观测的目的；建筑物倾斜观测的方法；建筑物倾斜观测的技术要求；建筑物倾斜观测的成果整理及数据分析	会进行一般建筑物、圆形建筑物等主体的倾斜观测	4
合计					96

第四节　教学实施建议

课程教学的组织实施是以工作任务为载体,以工作过程为导向,每个学习任务都是在一定的学习情境中,依照"资讯、决策、计划、实施、检查、评估"六个步骤来组织实施教学,将学生的学习过程融入到具体的工作过程中,将学生的职业能力、职业素养等的培养融入到工作过程中,使学生真正做到"在工作中学习,在学习中工作",体现出了"以学生为主体,以教师为主导"的"教、学、做"一体化的教学过程。

一、设计学习情境

每个学习情境都是以虚拟的和实际的工作任务为载体而设计的。以任务驱动的教学模式,以测量小组形式,按照"资讯、决策、计划、实施、检查、评估"六个步骤来组织实施。在"教、学、做"一体化教室和实训场地内以模拟工作过程的方式展开,把学生的学习与生产过程紧密联系起来,把学生带进真实的或者仿真的工作环境,实施互相关联的集体测量工作行为,这就要求学生既有分工又必须合作,还必须遵守一定的工作纪律,并且要善于处理在工作中遇到的各种技术问题和相互间的人际关系,有利于培养学生一丝不苟的严谨的工作作风、独立思考的能力、创新意识和分工合作的团队精神。

二、设计学生工作页

设计学生工作页是为了引导学生顺利开展工作,使得学习过程与工作过程更加明确、思路更加清晰,让学生在准备知识、明确任务、制订计划、做出决策、组织实施、控制质量、评价反馈的进程中进行工作和学习,学生在学生工作页的引导下从接受任务到完成任务,经过小组成员的共同学习、商讨、决策计划、具体工作实施、总结等环节,且在计划、决策、实施过程中自主学习的比例大大提高,而教师主要承担引导、组织、答疑和总结、评价、反馈工作,让学生有效地完成工作任务,解决工作中的问题,并能了解未来的职业工作,能够促进学生社会能力、职业能力等综合能力与素质的发展。

三、设计教学方法

(1)任务驱动法:通过学生分组,在小组中共同完成一个个具体的工作任务,让学生在完成任务的工作过程中学习理论知识、掌握基本技能,培养学生的职业能力。在教学组织实施过程中,应该立足于加强学生实际操作能力的培养,基于工作过程,以工作任务确定学习内容、以工作过程引领学习过程,提高学生的学习兴趣,培养学生的实际操作技能及自主学习、分析问题、解决问题的能力,教师在过程中可采取询问、辅导、答疑、点评和边讲边练、讲练结合的形式,充分体现"以教师为主导、以学生为主体"的"教、学、做"一体化的教学模式。

(2)引导教学法:教师为每个学习任务编写了详尽的学生工作页,学生分组学习时,可以依据学生工作页进行有目的的学习,避免了学生在自主学习中的不确定性和盲目性,可以提高学生的学习效果和工作效率。

(3)现场演示法:在学生学习和工作过程中,会遇到测量仪器的操作和使用、测量工作程序及测量技术方案的编写等,可以采取教师操作演示、测量过程演示、视频演示、工程案例展示等方式,使学生易于了解、掌握,能够顺利上手工作,效果很好。

(4)指导反馈法:在学生工作任务实施过程中,将会遇到这样或那样的困难和问题,甚至会遇见他们难以解决的难题,教师都要积极给予正确引导和解惑答疑,在学生做的是否正确或者错误等方面给予适当反馈,引导学生顺利实施工作,完成工作任务,达到学习的目的。

同时,不同的工作内容应采用不同的教学方式和手段,如讲授法、角色扮演法、小组讨论法等,并结合多媒体等教学资源辅助手段,给学生提供更多的现场情景,贴近实际现场,最大程度地鼓舞学生参与学习和工作的积极性,以便达到最佳的教学效果。

第五节　教学评价

本课程是以工作任务为载体的基于工作过程的"教、学、做"一体化的教学模式,学生"在工作中学习,在学习中工作",每个任务的完成都需要经过从接受任务、学习准备到组织实施、检查控制这样一个具体的工作过程,所以在考核评价时,对学生工作过程的考核是必不可少的一个环节,但过程性评价的方式会让学生感觉不严谨,容易在平时的学习中忽视理论知识掌握的重要性,因此结果性考核也是很有必要的。为了充分体现这门课程的特点,采用过程性评价和结果性考核相结合的考核方式。

第六节　教学条件

应建设能够进行"教、学、做"一体化的实训室和实训场地,能够进行真实的或者模拟仿真的教学环境,为学生的学习与工作任务能够顺利开展提供广阔的工作平台和实训环境,同时测量仪器、设备及工具(如电子水准仪、自动安平水准仪、钢尺、全站仪、GNSS接收机和手簿等)应能够满足学生的训练要求,能够充分地满足实训任务的开展。实训用标志点、地面标志点、实训任务指导书、学生工作页、仪器操作指南等资料应齐全。

授课教师和指导老师应具备一定的专业授课水平,同时应具有与专业相关的比较广泛的专业基础知识和实际工作经验,能够引领学生工作任务的开展,解决学生在学习中遇到的各种困难。

第七节　课程资源

一、教材选用或编写

教材是教学的重要载体,教材应选用针对高职高专院校的专用教材。教材应因材施教,理论实用够用为准,注重实践能力的培养,重技能。

二、课程资源开发与利用

教学应采用以任务驱动教学法为主,其他多种教学方法和手段(如视频、案例、多媒体等)相结合的方式进行,以工作任务为出发点来激发学生的学习兴趣,教学中要注重创设一定的能够真实模拟实际工作的学习情境,采用基于工作过程的"教、学、做"一体化的教学模式。要充分开发和利用课程资源,设计制作学生工作页用来引导和帮助学生学习和工作,开发相关学习任务指导用书、微课、网络资源等。

第二章 建筑工程测量课程教学整体设计

第一节 课程信息

课程信息格式见表 2-1。

表 2-1 课程信息格式

课程名称：	学分：	学时：
课程代码：	授课对象：	
课程类型：	授课时间：	
先修课程：	后续课程：	
制定时间：	制定人：	

第二节 课程定位

通过对建筑行业和测绘企业走访调研分析,建筑工程技术专业学生毕业后主要的就业岗位是施工员、监理员、质检员、测量员,其岗位核心能力之一就是要具备基本的测量工作技能,而测量工作能力的培养需要开设建筑工程测量课程。本课程涵盖了房屋、道桥等工程建设与施工过程中的比较全面的基本测量工作内容,起着先导性、关键性的作用,其主要任务是通过本课程的学习,培养学生运用相关测绘仪器及工具、理论知识与技能,为工程项目的勘测、施工、监理、运营管理等提供必要的基础资料和技术保障,是高职高专建筑工程技术专业开设的一门重要的、具有很强实践性的专业基础课程,对学生职业能力的培养和职业素养的养成起着主要的支撑作用。在整个课程体系中,本课程与高等数学、建筑识图、建筑结构与构造、建筑施工技术等课程也有着很大的联系。

第三节　课程目标

高职教育的培养目标是培养面向生产、建设、服务和管理第一线的高素质技术技能人才。毕业生不仅要懂得某一专业的基础理论与基本知识,更重要的是要具有某一岗位群所需要的生产操作和组织能力,并能在生产现场进行技术指导和组织管理,解决生产中的实际问题。按照人才培养计划和培养目标来确定课程目标。

一、总体目标

通过该课程的学习,要求学生掌握建筑工程专业方面测量的基本理论、方法和技能,具有运用所学知识和技能分析、处理、解决实际工程中有关测量问题的初步能力,熟悉现代测绘仪器与技术在整个建筑工程建设与施工过程中的应用,使学生能够承担建筑工程、建筑钢结构、建筑设备等工程应该具备的基本测绘和测设的职业岗位能力。同时,培养学生具有良好的职业道德、团队精神和妥善处理人际关系的能力,并培养学生严谨认真的科学精神和求真务实的科学态度。总之,该课程主要是培养学生的专业能力、方法能力、社会能力等方面的综合职业能力。

二、能力目标

学生能够运用测量仪器、工具和测量的基本知识,根据《工程测量规范》(GB 50026—2007)、《城市测量规范》(GJJ/T 8—2011)等测量规范和其他相关资料,做实际工程中具体的测量和测设工作。

(1)能够熟练操作全站仪进行角度测量和距离测量及其测量数据的计算。

(2)会熟练操作全站仪进行导线测量并掌握其内业计算。

(3)能够操作全站仪进行坐标测量或数据采集工作。

(4)能够进行 GNSS RTK 坐标、高程测量及工程放样工作。

(5)能够熟练使用水准仪进行普通水准测量及内业数据计算处理;会二、三、四等水准测量的外业测量与数据计算、检核、高差配赋、成果整理等;并熟知二、三、四等水准测量的测量技术要求和精度指标。

(6)能够熟练使用全站仪进行三角高程测量工作。

(7)能够运用测量仪器及工具进行建筑施工控制测量、建筑物的施工测量与测设工作。

（8）会建筑基础的基坑开挖边线计算与测设、基础定位放线工作，会控制基底标高和测设高程。

（9）会建筑物的竣工测量工作、编绘竣工总平面图。

（10）会建筑物的沉降观测、倾斜观测，编写技术方案，外业施测与内业数据处理，变形分析总结。

三、知识目标

（1）了解测量的基本概念，熟悉测量坐标系、高程基准等基本知识。

（2）掌握普通水准测量，三、四等水准测量，二等水准测量的技术要求、测量程序和内业计算。

（3）理解三角高程测量的工作原理，掌握其测量方法和内业计算。

（4）掌握角度测量、距离测量的方法和相关计算，能熟练操作全站仪进行角度和距离测量。

（5）掌握导线测量的外业工作和内业计算。

（6）掌握全站仪的使用方法，能使用全站仪进行基本的测量工作、数据采集和施工放样工作。

（7）了解卫星导航定位技术，理解 GNSS RTK 测量技术原理，能够操作GNSS 接收机和工作手簿进行实际工程的测量和放样工作。

（8）掌握建筑施工场地平整的方法和土方量计算，会做施工控制测量工作。

（9）掌握建筑物基坑开挖、标高控制、基础定位和施工放线工作，掌握建筑物主体工程的定位测量、施工放线、轴线传递、标高引测等工作。

掌握建筑物的沉降观测、倾斜观测等的技术方案编写、变形测量和数据处理分析。

四、素质目标

（1）具有发现问题、解决问题的能力和创新能力。

（2）具有制订工作计划、合理安排、组织实施、协调管理的工作能力。

（3）具有一定的理解能力、自学能力、主动学习新知识和技能的能力。

（4）具有吃苦耐劳、团队合作的工作作风和严谨认真、求真务实的工作态度。

（5）具有和具备一定的表达、沟通和交际能力及妥善处理人际关系的能力。

(6)具有综合运用知识和技术从事较复杂测量工作的能力。

第四节　教学内容安排

教学内容安排见表 2-2。

表 2-2　教学内容安排

序号	教学项目	学习任务	学时安排
1	平面坐标测量	工作任务一、全站仪导线测量	16
		工作任务二、全站仪坐标测量	4
		工作任务三、GNSS 坐标测量	8
2	高程测量	工作任务四、普通水准测量	10
		工作任务五、三、四等水准测量	6
		工作任务六、二等水准测量	4
		工作任务七、三角高程测量	4
		工作任务八、GNSS 高程测量	4
3	建筑施工测量	工作任务九、施工场地平整	6
		工作任务十、建筑施工控制测量	6
		工作任务十一、建筑物定位放线与±0 标高测设	6
		工作任务十二、基础施工测量	6
		工作任务十三、建筑物轴线投测与标高传递	4
		工作任务十四、竣工测量	4
4	建筑物变形观测	工作任务十五、建筑物的沉降观测	4
		工作任务十六、建筑物的倾斜观测	4
合计			96

第五节　课程进度安排

课程进度安排见表 2-3。

表 2-3　课程进度安排

学习任务	知识目标	能力目标	学习与工作过程安排		学时
			工作过程	工作内容	
工作任务一、全站仪导线测量	掌握导线测量的基本知识:平面控制测量概述、测量坐标系、导线的布设等级及精度指标要求; 全站仪的认识与使用; 水平角的观测和计算; 水平距离测量; 坐标方位角的计算; 导线测量的外业工作和内业计算	能够熟练操作全站仪进行水平角测量和距离测量工作; 会布设导线并操作全站仪进行导线测量外业工作和内业计算与数据处理	资讯	接受工作任务、明确任务目标、准备相关资料、仪器操作实训练习,学习导线测量的相关知识	6
			决策	熟悉工作场地、讨论工作方案	1
			计划	制订工作计划、准备仪器工具	
			实施	布设导线,实施外业测量、内业计算	8
			检查	测量数据与计算正确性、精度合格性	
			评估	点评总结反馈、考核评价	1
					16
工作任务二、全站仪坐标测量	全站仪的程序测量; 全站仪建站、定向、检核过程; 全站仪数据采集	会用全站仪进行坐标测量和数据采集	资讯	接受工作任务、明确任务目标、准备相关资料、仪器操作练习、学习坐标测量等相关知识	1
			决策	熟悉工作场地、讨论工作方案	
			计划	制订工作计划、准备仪器工具	
			实施	建站定向检核测量工作并绘制草图	2
			检查	操作规范性、测量数据准确性	
			评估	点评总结反馈、考核评价	1
					4
工作任务三、GNSS坐标测量	卫星导航定位技术概述; GNSS RTK 动态测量概述; GNSS RTK 坐标采集的方法; GNSS RTK 在建筑工程中的应用	会操作RTK接收机和手簿进行坐标测量或数据采集	资讯	接受工作任务、明确任务目标、准备相关资料、仪器操作练习、学习 GNSS 测量的相关知识	3
			决策	熟悉工作场地、讨论工作方案	1
			计划	制订工作计划、准备仪器工具	
			实施	设置和操作 GNSS 接收机进行点校正、测量等工作,并绘制草图	3
			检查	操作规范性、测量数据准确性	1
			评估	点评总结反馈、考核评价	
					8

学习任务	知识目标	能力目标	学习与工作过程安排		学时
			工作过程	工作内容	
工作任务四、普通水准测量	水准仪的认识与使用；水准测量原理、水准路线的布设形式、普通水准测量的施测方法及内业成果处理计算、水准路线的检核方法、水准测量的误差分析	能够熟练操作水准仪进行普通水准测量及其内业计算和数据处理	资讯	接受工作任务、明确任务目标、准备相关资料、仪器操作实训练习、学习普通水准测量的相关知识	4	10
			决策	熟悉工作场地、讨论工作方案	1
			计划	制订工作计划、准备仪器工具	
			实施	实施外业测量、内业计算与数据处理	4
			检查	测量数据与计算的正确性、精度合格性	
			评估	点评总结反馈、考核评价	1
工作任务五、三、四等水准测量	三、四等水准测量的技术要求；三、四等水准测量的外业观测程序及测站计算、精度指标要求；三、四等水准测量内业校核与成果计算	会进行三、四等水准测量及其成果计算	资讯	接受工作任务、明确任务目标、准备相关资料、学习三等、四等水准测量的相关知识	1	6
			决策	熟悉工作场地、讨论工作方案	1
			计划	制订工作计划、准备仪器工具	
			实施	实施外业测量、内业计算与数据处理	3
			检查	测量数据与计算的正确性、精度合格性	
			评估	点评总结反馈、考核评价	1
工作任务六、二等水准测量	电子水准仪的认识及使用；二等水准测量的技术要求；二等水准测量的外业观测过程、测站计算及技术指标；二等水准测量的内业成果计算	会进行二等水准测量及其成果计算	资讯	接受工作任务、明确任务目标、准备相关资料、电子水准仪的操作练习、学习二等水准测量的相关知识	1	4
			决策	熟悉工作场地、讨论工作方案	
			计划	制订工作计划、准备仪器工具	
			实施	实施外业测量、内业计算与数据处理	3
			检查	测量数据与计算的正确性、精度合格性	
			评估	点评总结反馈、考核评价	

学习任务	知识目标	能力目标	学习与工作过程安排		学时
			工作过程	工作内容	
工作任务七、三角高程测量	竖直角的观测与计算；三角高程测量原理；球气差影响及改正方法；三角高程测量的实施与计算	会采用三角高程测量的方法进行高差测量和计算	资讯	接受工作任务、明确任务目标、准备相关资料、学习三角高程测量的相关知识	1
			决策	熟悉工作场地、讨论工作方案	
			计划	制订工作计划、准备仪器工具	4
			实施	实施外业测量、内业计算与数据处理	
			检查	测量数据与计算的正确性	3
			评估	点评总结反馈、考核评价	
工作任务八、GNSS高程测量	GNSS 拟合高程测量主要技术要求；GNSS 拟合高程测量过程；GNSS 拟合高程计算	会进行GNSS 拟合高程测量	资讯	接受工作任务、明确任务目标、准备相关资料、学习 GNSS 高程测量的相关知识	2
			决策	熟悉工作场地、讨论工作方案	
			计划	制订工作计划、准备仪器工具	4
			实施	实施外业测量、内业计算与数据处理	
			检查	测量数据与计算的正确性	2
			评估	点评总结反馈、考核评价	
工作任务九、施工场地平整	地形图的基本知识及基本应用；地形图在场地平整中的应用；场地平整及土方量计算	能识读地形图，会进行施工现场场地平整及土方量的计算	资讯	接受工作任务、明确任务目标、准备相关资料、学习地形图及其应用、场地平整与土方计算的相关知识	2
			决策	熟悉工作场地、讨论工作方案	1
			计划	制订工作计划、准备仪器工具	6
			实施	方格网设计、土方计算，外业施测方格网、钉桩并标定填挖数	
			检查	计算正确性、操作规范性	3
			评估	点评总结反馈、考核评价	

学习任务	知识目标	能力目标	学习与工作过程安排		学时
			工作过程	工作内容	
工作任务十、建筑施工控制测量	施工控制网的特点和种类；平面控制网的测设方法及技术要求；施工高程控制网的测设及技术要求；控制网测量数据的整理与计算	能够结合上述所学测量知识进行施工平面控制网和高程控制网的布设及测量工作	资讯	接受工作任务、明确任务目标、准备相关资料、学习施工控制测量的相关知识	2	6
			决策	熟悉工作场地、讨论工作方案		
			计划	制订工作计划、准备仪器工具		
			实施	选点布网测量、内业计算与数据处理	3	
			检查	测量数据与计算的正确性、精度合格性		
			评估	点评总结反馈、考核评价	1	
工作任务十一、建筑物定位放线与±0标高测设	设计平面总图、施工图等图纸的识读；建筑物特征点坐标的提取及其建筑轴线尺寸关系；点的平面位置测设的方法；已知直线的测设方法；已知高程的测设方法	会识读和应用建筑图纸，会建筑物的定位放线工作，会测设±0标高等已知高程	资讯	接受工作任务、明确任务目标、准备相关资料、学习定位放线的相关知识	2	6
			决策	熟悉工作场地、讨论工作方案	1	
			计划	制订工作计划、准备仪器工具		
			实施	测设数据提取与计算、现场放样标线	2	
			检查	测设数据计算与测设精度合格性		
			评估	点评总结反馈、考核评价	1	
工作任务十二、基础施工测量	基坑（槽）开挖边线位置的计算与测设；基底标高的控制方法；坑（槽）底基础放线方法；测设放线检核方法	会基坑开挖边线计算与测设及坑底标高控制，会基础的定位及细部施工放线测量工作	资讯	接受工作任务、明确任务目标、准备相关资料、学习基础施工放线的相关知识	2	6
			决策	熟悉工作场地、讨论工作方案	3	
			计划	制订工作计划、准备仪器工具		
			实施	测设数据计算、放线与标高测设		
			检查	数据计算与测设结果的正确性	1	
			评估	点评总结反馈、考核评价		

学习任务	知识目标	能力目标	学习与工作过程安排		学时
			工作过程	工作内容	
工作任务十三、建筑物轴线投测与标高传递	轴线放线与投测:直线测设的方法;多层建筑的轴线投测方法;高层建筑的轴线投测方法;各层标高及+50 线测设方法	会进行多层、高层建筑物轴线的投测及细部放线测量工作,会建筑物的各层标高传递和测设工作	资讯	接受工作任务、明确任务目标、准备相关图纸和资料、学习建筑物轴线投测和标高传递引测的相关知识	1
			决策	熟悉工作场地、讨论工作方案	
			计划	制订工作计划、准备仪器工具	2
			实施	轴线投测放线、标高引测传递	
			检查	放线与引测的准确性	1
			评估	点评总结反馈、考核评价	
工作任务十四、竣工测量	竣工测量的目的;竣工测量内容和工作要点;竣工测量的方法;竣工测量的资料及成果	会进行竣工测量、编绘竣工总平面图	资讯	接受工作任务、明确任务目标、准备相关资料、学习竣工测量的相关知识	1
			决策	熟悉工作场地、讨论工作方案	
			计划	制订工作计划、准备仪器工具	
			实施	外业测量、计算与绘竣工总图	3
			检查	测量完整性、图纸准确性	
			评估	点评总结反馈、考核评价	
工作任务十五、建筑物的沉降观测	沉降观测的目的、原理与方法;沉降基准点、工作基点、观测点的布设要求;观测时间、观测周期和精度等技术要求;沉降观测的成果整理及数据分析	会进行建筑物的沉降观测和数据分析总结	资讯	接受工作任务、明确任务目标、准备相关规范和资料、学习建筑物沉降观测的相关知识	1
			决策	熟悉工作场地、讨论工作方案	
			计划	制订工作计划、准备仪器工具	
			实施	编写技术方案、数据计算与分析	3
			检查	数据计算正确性、分析合理性	
			评估	点评总结反馈、考核评价	

学习任务	知识目标	能力目标	学习与工作过程安排		学时
			工作过程	工作内容	
工作任务十六、建筑物的倾斜观测	建筑物倾斜观测的目的；建筑物倾斜观测的方法；建筑物倾斜观测的技术要求；倾斜观测的成果整理及数据分析	会进行一般建筑物、圆形建筑物等主体的倾斜观测	资讯	接受工作任务、明确任务目标、准备相关规范与资料、学习建筑物倾斜观测的相关知识	1
			决策	熟悉工作场地、讨论工作方案	4
			计划	制订工作计划、准备仪器工具	
			实施	外业测量、数据计算与分析	3
			检查	数据计算正确性、分析合理性	
			评估	点评总结反馈、考核评价	

第六节　课程组织实施设计

课程教学的组织实施是以工作任务为载体，以工作过程为导向，每个学习任务都是在一定的学习情境中，依照"资讯、决策、计划、实施、检查、评估"的六个步骤来组织实施教学，将学生的学习过程融入到具体的工作过程中，将学生的职业能力、职业素养等的培养亦融入到工作过程中，使学生真正做到"在工作中学习，在学习中工作"，体现出了"以学生为主体，以教师为主导"的"教、学、做"一体化的教学过程。

一、设计学习情境

每个学习情境都是以虚拟的和实际的工作任务为载体而设计。以任务驱动的教学模式，以测量小组形式，按照"资讯、决策、计划、实施、检查、评估"六个步骤来组织实施。在"教、学、做"一体化教室和实训场地内以模拟工作过程的方式展开，把学生的学习与生产过程紧密联系起来，把学生带进真实的或者仿真的工作环境，实施互相关联的集体测量工作行为，这就要求学生既有分工又必须合作，还必须遵守一定的工作纪律，并且要善于处理在工作中遇到的各种技术问题和相互间的人际关系，有利于培养学生一丝不苟的严谨的工作作风、独立思考的能力、创新意识和分工合作的团队精神。

二、设计学生工作页

设计学生工作页是为了引导学生顺利开展工作,使得学习过程与工作过程更加明确、思路更加清晰,让学生在知识准备、明确任务、制订计划、做出决策、组织实施、质量控制、评价反馈的进程中进行工作和学习,学生在学生工作页的引导下从接受任务到完成任务,经过小组成员的共同学习、商讨、决策计划、具体工作实施、总结等环节,且在计划、决策、实施过程中自主学习的比例大大提高,而教师主要承担引导、组织、答疑和总结、评价、反馈工作,让学生有效地完成工作任务,解决工作中的问题,并能了解未来的职业工作,能够促进学生社会能力、职业能力等综合能力与素质的发展。

三、设计教学方法

(1)任务驱动法:通过学生分组,在小组中共同完成一个个具体的工作任务,让学生在完成任务的工作过程中学习理论知识、掌握基本技能,培养学生的职业能力。在教学组织实施过程中,应该立足于加强学生实际操作能力的培养,基于工作过程,以工作任务确定学习内容、以工作过程引领学习过程,提高学生的学习兴趣,培养学生的实际操作技能及自主学习、分析问题、解决问题的能力,教师在过程中可采取询问、辅导、答疑、点评和边讲边练、讲练结合的形式,充分体现"以教师为主导、以学生为主体"的"教、学、做"一体化的教学模式。

(2)引导教学法:教师为每个学习任务编写了详尽的学生工作页,学生分组学习时,可以依据学生工作页进行有目的的学习,避免了学生在自主学习中的不确定性和盲目性,可以提高学生的学习效果和工作效率。

(3)现场演示法:在学生学习和工作过程中,会遇到测量仪器的操作和使用、测量工作程序及测量技术方案的编写等,可以采取教师操作演示、测量过程演示、视频演示、工程案例展示等方式,使学生易于了解、掌握,能够顺利上手工作,效果很好。

(4)指导反馈法:在学生工作任务实施过程中,将会遇到这样或那样的困难和问题,甚至会遇见他们难以解决的难题,教师都要积极给予正确引导和解惑答疑,在学生做的是否正确或者错误等方面给予适当反馈,引导学生顺利实施工作,完成工作任务,达到学习的目的。

同时,不同的工作内容应采用不同的教学方式和手段,如讲授法、角色扮演法、小组讨论法等,并结合多媒体等教学资源辅助手段,给学生提供更多的现场情景,贴近实际现场,最大程度地鼓舞学生参与学习和工作的积极性,以便达到最佳的教学效果。

四、第一次课设计

对于即将接触这门课程的学生来说,他们不知道开设这门课程的目的和意义,也不知道通过这门课程的学习之后将来能胜任哪些具体的工作,所以第一次课很重要。另外,第一次课对学生的学习情况有着深远的影响,特别是对于学习兴趣的激发更为重要,所以老师应精心设计安排好第一次课,以便为该课程的教学奠定良好的基础。

(1)要进行开场白设计:很多学生喜欢一门课程往往是因为喜欢这门课程的老师,所以老师的执教风格、谈吐幽默等能吸引学生,让其对这门课程感兴趣,从而能够集中注意力听讲。

(2)列举工程实例:最好是教师亲身经历的测量工程案例,着重讲解在实际工程中应用到了哪些测量知识和技能,讲解时配合多媒体手段,做到图文并茂或者有视频演示等,让学生有种身临其境的感觉,激发学生的学习兴趣和热情,也会让学生知道自己如果掌握了这门课的知识与技能将来可以从事什么样的岗位工作。

(3)说课:介绍这门课程的课程性质、课程定位、课程目标、教学内容、学习任务、课程的组织实施方式、教学条件等,让学生做到目标明确、有的放矢。

(4)说明学习这门课的具体要求,介绍课程考核评价体系和评价指标,让学生明白自己学习成绩将如何评定,使学生有良好的学习态度和工作态度,按章程工作、按规则行事,要有纪律性。

(5)发放学生工作页、任务指导书等,开始进入学习任务一的教学模式。

第七节　考核与评价设计

本课程设计采用过程性评价和结果性考核相结合的考核方式。

一、过程性评价

过程性评价是在学生实施工作任务的"资讯、决策、计划、实施、检查、评估"的各个阶段,从学生的信息检索(如知识查阅与应用)、工作过程(如学习态度、认真程度、出勤、工作的积极性及主动性、协作程度等)、工作能力(如工作统筹、协调、合作能力等)和工作结果(如知识掌握程度、工作质量等)等方面进行评价指标性设计,根据评价指标采用教师评价、学生的自我评价与学生之间互相评价相结合的方式进行。其具体设计请参见第三章第四节的有关内容。

二、结果性考核

结果性考核采用口试、笔试和操作考核的方式进行。传统的结果性考核是以笔试为主,但在实际工程中的特点是:完成实际工作任务往往是手中只要有规范、资料等,查阅就可以了。职业教育要突出以能力为本位。口试是相对于笔试而言的一种创新,由任课教师主持,考试设置考签,每个考签上设置一些特定的题目,根据班级人数设置考签的个数,把这门课程的全部内容都概括进去,让每个学生抽一个考签进行口述答题,根据学生答题情况当场就可以给分。这样学生都知道考签上是什么题,但就不知道会抽到哪个考签。这样的考试方式很特别,它使学生没有作弊的机会,老师面对面地向学生提问题可以直接掌握学生的真实水平,也可以锻炼学生的口才和心理素质。

这里的笔试主要侧重于这门课程的内业计算方面,教师可以设计一些工作任务的案例或现场测量数据以纸质文本的形式发给学生,在教师的监督下要学生现场解答计算,主要来考查学生的计算能力、分析问题、解决问题的能力,这样能更好地考核学生对所学知识的综合应用能力。

操作考核的目的是考察学生的实际操作技能,主要侧重于仪器的操作、应用及单项工作能力方面,避免有些学生在工作中懒于思考和动手操作、只重理论轻实践的情况。由教师根据完成的学习任务设计好操作考试项目和考核标准,比如全站仪的对中整平、水平角一个测回的观测和计算、四等水准测量一个测站的观测和计算、已知高程点的测设等,把类似于这样的单项工作设计为考核项目。操作考核时间可以根据课程开展情况灵活掌握,可以在每完成一个工作任务就可以进行任务中必须会的单项工作技能的考核,也可以在其他的空余时间来进行。老师根据考核标准和时间要求,学生现场操作,根据学生完成情况给出考核成绩,这样可以直接掌握学生的真实技术水平,也可以锻炼学生的心理素质和实际操作技能。

每个任务工作过程的最后阶段为评价阶段,首先要设计好评价与考核内容和各项评价指标等体系,然后根据评价标准进行任务的评价环节,评出学生在该任务完成之后得到的成绩,每个任务都得到一个成绩,课程教学完成后根据各项任务所得成绩的平均值计算为学生的最终成绩,具体过程请参考考核与评价页设计部分。

第八节　其他问题说明

　　本课程是一门实践性非常强的基础学科,也是后续相关课程的基础课程,只有走出传统的以知识为主的课程教学模式,探索有效的教学方式方法才能真正促进学生构建测量基本知识,解决实际岗位工作问题。这就要求教师要具有较高的专业能力和实践水平,在不能快速积累自我实践经验的背景下,应积极向行业企业专家和奋斗在工程一线的技术人员讨教,将他们请进校园,听取他们对课程改革的意见,同时教师要不断学习和更新课程改革的新理念,探索新方法,不断优化课程内容和教学设计,最终形成适合高职教育培养目标的课程。

第三章　建筑工程测量课程教学辅助设计

第一节　建筑工程测量学习任务设计

建筑工程测量课程的主要任务是培养学生运用相关测绘仪器及工具、理论知识与技能，为工程项目的勘测、施工、监理、运营管理等提供必要的基础资料和技术保障，是建筑工程技术专业开设的一门重要的专业基础课，在整个人才培养目标中起着承前启后的作用，与建筑工程识图与构造、建筑结构、建筑施工等课程有着很大的关联。

传统的建筑工程测量是基于学科系统化的静态的课程结构，其主要内容按章节排列大致为水准测量、角度测量、距离测量、直线定向、测量误差、控制测量、地形图测绘与应用、建筑施工测量与变形监测等，其教学过程一般也是按照章节顺序先讲理论知识，然后以任务驱动法进行实训项目的实操练习，虽然也是设计为一个个具体任务，但一般都是按照教材章节内容设计的，没有体现出工程实际的工作过程，与专业的联系不强，岗位工作需求很难显现，尤其是建筑施工测量这部分内容的教学更是如此。针对这种情况，我们以建筑工程技术专业开设的建筑工程测量课程为研究对象，树立"以能力为本位"的教育目标，通过"以学生为主体"的行动实现岗位工作能力的内化与运用，并以基于工作过程的教学理念为主导思想，将建筑工程测量课程体系进行重构，优化整合教学内容，开发为基于工作过程的"教、学、做"一体化的建筑工程测量课程教学模式，将教学内容融入到具体的工作任务中。

工作任务是基于工作过程系统化的实施载体，是课程教学过程中的学习单元，也是学生掌握知识与技能的具体学习任务。对于建筑工程测量课程而言，学习任务的设计和开发必须符合专业特征，而建筑工程是由不同的分部工程组成的，测量工作亦是分部来完成的，比如一个住宅小区从开发建设到施工完毕，会涉及平面控制测量、高程控制测量、场地平整、施工抄平放线、沉降观测等多种测量工作内容，一般还会涉及其他的坐标测量与高程测量工作，还会有全站仪、GNSS 测量技术等先进测绘技术方法的大量运用，故设置学习任务时,以实际工程中涉及的不同的测量工作内容为单元,进行整合和优化,从而归纳设计成为与实际建筑工程中测量工作紧密联系的十六个工作任务,将仪器的操作、理论知识和基本技能及相关规范与条文循序渐进地融入到其中,使学生通过任务的完成全面而合理地掌握建工领域所涉及的测量理论知识与技能,具体内容参考第一章表1-1所示。

根据学生应该掌握的知识与技能,结合实习实训条件和教学资源,进行学习与工作任务设计,如表3-1所示。

表 3-1 学习任务设计

序号	学习任务	任务设计描述	参考学时
1	工作任务一、全站仪导线测量	导线测量是工程中建立平面控制点常用的方法。根据工作场地、已有资料、原有已知坐标点分布等情况综合考虑,按照相关规范要求布设导线点,通过测量导线边长、导线转折角,再通过计算和平差处理最终得到导线点的平面坐标。在实训场地内,给定每组几个已知控制点数据,要求每组根据任务要求、已知点位置和现场地物分布情况等设置导线点、布设成一条闭合(或附合)导线,小组成员熟练操作全站仪及其配套工具进行外业测量,并进行内业成果计算	16
2	工作任务二、全站仪坐标测量	利用全站仪的基本功能——数据采集,根据已知点的平面坐标经过建站、定向、检核后来测量某些点的坐标,在实际工程中应用比较广泛,且比较方便、容易操作。本次任务要求在实训场地内给定每组三个已知坐标点和几个待测坐标点、一个明显地物(如房屋),要求每组独立进行建站、定向、检核,然后测量出待测点的坐标和地物的平面位置	4
3	工作任务三、GNSS坐标测量	GNSS测量技术在房建、道路等土木工程中应用比较广泛,可以应用于控制测量、数据采集和施工放样等工作。本次任务是每组给定三个已知控制点和指定测量区域,要求各组学生进行架设基准站、移动站、设置工程、求转换参数等基本工作,然后进行指定测量区域地物的数据采集工作。旨在让学生了解GNSS测量技术、掌握某一型号GNSS接收机和手簿的操作,会进行GNSS RTK动态数据采集工作	8

序号	学习任务	任务设计描述	参考学时
4	工作任务四、普通水准测量	水准测量是高程测量的常用方法,分为国家等级的水准测量和普通水准测量两种。本次任务要求学生掌握普通水准测量的外业观测和内业数据计算,教师给定每组两个已知高程点和几个待测高程点,布设为一条闭合(或附和)水准路线,要求每组能够熟练操作水准仪按照普通水准测量的技术要求和方法进行外业测量,并会测站数据计算、高差配赋和成果计算等工作	10
5	工作任务五、三、四等水准测量	三、四等水准测量常用于工程中的高程控制测量工作。本次任务是要求各小组采用三等或四等水准测量程序和技术要求,对上次任务中布设的闭合(或附和)水准路线进行测量和内业的处理计算,旨在使学生掌握三、四等水准测量的技术要求、测站操作程序、测站计算、检核计算和内业数据成果计算等,锻炼和培养学生的实际工作能力	6
6	工作任务六、二等水准测量	二等水准测量常用于精密工程中的高程测量工作,也常用于建筑物的沉降观测。本次任务是要求各小组采用二等水准测量的测量程序和技术要求,对上次任务中布设的闭合(或附和)水准路线进行测量和内业的处理计算,旨在使学生掌握二等水准测量的技术要求、奇偶测站操作程序、测站计算、检核计算和内业数据成果计算等,锻炼和培养学生的实际工作能力	4
7	工作任务七、三角高程测量	对于像山区地形变化较大或者高差变化较大,不方便采用水准测量的情况下,可以采用三角高程测量的方法得到两点间的高差,从而计算待测点的高程。本次任务是在实训场地内选择高差变化较大的两点(其中一个点为高程数据已知,另一个点高程未知),要求每组采用三角高程的测量方法通过实际测量和计算得到两点间的高差,从而计算未知点的高程,锻炼学生的操作和计算能力,培养学生的实际工作能力	4
8	工作任务八、GNSS高程测量	对于其他高程测量方法不便施测而高程数据精度要求不高的情况下,可以采用GNSS高程测量的方法来得到未知点的高程,这种方法操作方便,不受通视条件、地形条件等的制约,可以全天候作业,在实际工程中应用很普遍。本次任务是要求每组在实训场地内选择三个已知控制点,通过操作某一型号的GNSS接收机和手簿,进行指定位置的高程测量工作,培养学生的实际工作能力	4

序号	学习任务	任务设计描述	参考学时
9	工作任务九、施工场地平整	场地平整是将天然地面改造成工程上所要求的设计平面,主要有两个目的:一是通过场地的平整,使场地的自然标高达到设计要求的高度;二是在平整场地的过程中,建立必要的能够满足施工要求的供水、供电、道路及临时建筑设施,满足施工要求的必要条件。场地平整时施工场地会兼有挖和填,常采用方格法来进行场地平整设计和土方量计算。本次实训任务是在实训场地内选择一块地形不规则的场地,根据测绘好的该区域地形图进行场地平整方格网设计并计算土方量,然后现场按照设计好的方格网撒灰线、角点钉桩标注填挖数等	6
10	工作任务十、建筑施工控制测量	建筑施工控制测量就是为工程建设施工而建立的施工控制网,包括平面控制网和高程控制网,为施工测量放线等工作提供坐标和高程参考依据。本次实训任务是在施工测量实训场地进行,由教师给定每组已设计好的平面图和施工图纸,要求学生综合考虑建筑物分布、场外已知控制点、场地情况等多种因素,各组自行布设平面和高程控制网,包括选点设置标准、测量、数据计算与平差、成果整理等工作	6
11	工作任务十一、建筑物定位放线与±0标高测设	建筑物定位放线就是根据施工设计图纸,按照设计要求,将建筑物的平面尺寸、标高、位置测设到施工场地上对应的位置,为施工提供各种放线标志作为按图施工的依据。本次任务是在实训场内根据已完成的施工控制网和设计图纸,将图纸上设计好的建筑物的位置测设到场地上并撒出外轮廓线,并将建筑物的±0标高测设到指定位置,旨在培养学生的实际测量放线的工作能力	6
12	工作任务十二、基础施工测量	建筑物位置确定以后,一般需要根据建筑物的位置、尺寸、基础埋深等来确定基坑(槽)开挖边线并进行基坑(槽)开挖,确定基底标高、基础位置,进行基础施工测量放线等工作。本次任务是根据基础平面图、立面图等设计图纸和有关资料,计算基坑开挖边界线,在实训场地内进行开挖边线测设,控制基底标高和基础位置测设,并测设部分基础细部线	6

序号	学习任务	任务设计描述	参考学时
13	工作任务十三、建筑物轴线投测与标高传递	在多层、高层建筑物施工过程中,轴线放线与投测、标高传递是必不可少的测量工作。本次任务是在施工测量实训场地内,根据建筑施工图等设计图纸和有关技术资料,选择合理的轴线投测的方法并进行现场投测,再根据轴线关系进行某层的主控线的放样工作,并将某层的标高或+50线引测至指定位置	4
14	工作任务十四、竣工测量	工程竣工或部分竣工后,为获得已经建成后的建筑物、构筑物及地下管线等的平面位置、高程等资料数据而进行的测量工作称为竣工测量,其最终结果是形成竣工总平面图。本次任务是每小组根据教师安排对指定已建区域进行竣工测量,并绘制竣工总平面图	4
15	工作任务十五、建筑物的沉降观测	对于高层建筑、大型工厂柱基、重型设备基础,高耸建筑物等,在施工期间和使用初期,由于基础和地基所承受的荷载不断增加,将引起基础及其四周地基的变形,大多数表现为建筑物产生沉降,其中以不均匀沉降的危害性最大,严重时会产生倾斜,甚至裂缝,危及建筑物的安全。本次任务是要求每组结合教师给定的工程案例进行建筑物变形观测方案设计和对某建筑物的多次观测数据进行数据处理和总结分析等,使学生掌握沉降观测的有关知识	4
16	工作任务十六、建筑物的倾斜观测	使用测量仪器来测定建筑物的基础或主体结构倾斜变化的工作称为倾斜观测,在高层(耸)建(构)筑物施工、厂房柱体吊装过程中,由于不均匀沉降及施工偏差等原因,将会导致建(构)筑物主体发生倾斜,需要进行倾斜观测。本次任务是对已建好的某高层建筑物采用相应的方法进行倾斜观测练习,并根据教师给定的某建筑多次倾斜观测数据进行数据整理和分析,编制倾斜观测成果表和曲线图,掌握倾斜观测的具体方法和相关计算	4
合计			96

这些工作任务的设计,是把学生的学习过程与完成任务的工作过程结合在一起,即把学生的学习过程融入到具体的工作过程中,将学生的专业能力、方法能力和社会能力等综合职业能力的培养融入到工作过程中,使学生真正

做到"在工作中学习,在学习中工作",体现出了"以学生为主体,以教师为主导"的"教、学、做"一体化的教学过程,引导学生怎样学习,帮助学生学会工作,以便实现毕业后的"零距离上岗"目标。

这些工作任务的设计,使得在教学实施过程中,可以很容易采用以项目导向和任务驱动教学法为主,多种教学手段并用的教学方式,教学组织实施方式使具体工作阶段和学生情况能够灵活多变,也易于把控,并且是要求学生在规定的时间内保质保量完成既定工作任务,体现出学生学习与工作的目标化和自主性,从而提高学习效果。

总之,在基于工作过程的建筑工程测量"教、学、做"一体化的教学模式中,是以建筑行业需求引领课程教学项目,以课程教学项目设计学习与工作任务,以学习和工作任务确定课程知识内容与技能,使学生每完成一个学习任务就好比是完成了实际工程中的一项具体的测量工作,使学生每完成一个学习任务就能掌握与实际相应工作需要的知识和技能,并且能够避免在岗位工作中出现理论不能联系实际而难以上手的窘境,也使学生能够体验到"学习就是工作、工作就是学习"。

第二节　建筑工程测量学习情境设计

建筑工程测量是建筑工程技术专业开设的一门重要的专业基础课,在整个人才培养目标中起着承前启后的作用,与建筑工程识图与构造、建筑结构、建筑施工等课程有着很大的关联,其主要任务是培养学生运用相关测绘仪器及工具、理论知识与技能,为工程项目的勘测、施工、监理、运营管理等提供必要的基础资料和技术保障。传统的建筑工程测量是基于学科系统化的静态的课程结构,其主要内容按章节排列大致为水准测量、角度测量、距离测量、直线定向、测量误差、控制测量、地形图测绘与应用、建筑施工测量与变形监测等,其教学过程一般也是按照章节顺序先讲理论知识然后以任务驱动法进行实训项目的实操练习,虽然也是设计为一个个具体任务,但一般都是按照教材章节内容设计的,没有体现出工程实际的工作过程,与专业的联系不强,岗位工作需求很难显现,尤其是建筑施工测量这部分内容的教学更是如此。

我们职业教育课程的最终目标,就是具有实战能力——解决实际工作问题的综合能力,要求学生掌握相应的知识、技能去完成某种特定的工作活动。针对这种情况,我们以建筑工程技术专业开设的建筑工程测量课程为研究对象,树立"以能力为本位"的教育目标,通过"以学生为主体"的行动实现岗位工作能力的内化与运用,并以基于工作过程的教学理念为主导思想,将建筑工程测量课程体系进行重构,优化整合教学内容,设计成为和实际建筑工程测量工作紧密联系的十六个工作任务,把学生学习过程与完成任务的工作过程结合在一起,开发为基于工作过程的"教、学、做"一体化的教学模式,并设计出基于工作过程的以实际测量任务为载体的学习情境。

学习情境是基于工作过程系统化的课程的实施方案,也是以工作任务为载体的主题学习单元。创设学习情境的目的是帮助学生更有效地学习知识和技能,实现专业能力、方法能力和社会能力(职业能力)的培养。对于建筑工程测量课程而言,学习情境的设计和开发必须符合专业特征,而建筑工程是由不同的分部工程组成的,测量工作亦是分部来完成的,比如一个住宅小区的开发建设到施工完毕,需要做平面控制测量、高程控制测量、施工抄平放线、沉降观测等测量工作,故设置学习情境时,以工程中不同的测量工作内容为单元,以每个单元涉及的具体测量工作任务为载体,从而归纳设计出十六个学习情境。

每个学习情境的设计基于工作系统化的理念,依照"资讯、决策、计划、实施、检查、评估"的六个步骤来设计和组织实施教学,将学生的职业能力、职业素养和工程意识的培养融入到学习过程中,将学生的学习过程融入到具体的工作过程中,且能够针对不同的阶段采取适合于学习情境的教学方式和方法。

为了使学生从经验的积累达到策略的提升,使之通过在一定情境中的学习与训练达到熟能生巧的目的,因此各个学习情境的设置在同一范畴内,其实施过程、步骤和方法都是重复的,都是"资讯、决策、计划、实施、检查、评估"六步法,但不重复的是工作和学习内容,这样既能积累经验又有一定的差异性,使学生能够达到知识与技能的迁移,从而能够培养学生的实际工作的综合能力。

学习情境一

学习任务	工作任务一、全站仪导线测量	参考学时:16
任务描述	导线测量是工程中建立平面控制点常用的方法。根据工作场地、已有资料、原有已知坐标点分布等情况综合考虑,按照相关规范要求布设导线点,通过测量导线边长、导线转折角,再通过计算和平差处理最终得到导线点的平面坐标。在实训场地内,给定每组几个已知控制点数据,要求每组根据任务要求、已知点位置和现场地物分布情况等设置导线点、布设成一条闭合(或附合)导线,小组熟练操作全站仪及其配套工具进行外业测量,并进行内业成果计算	

学习任务	工作任务一、全站仪导线测量			参考学时:16	
学习目的	1.会熟练操作全站仪等仪器及工具进行水平角、水平距离的测量和计算; 2.熟练掌握导线测量的外业工作和内业计算与成果数据处理; 3.使学生能够在实际工程岗位中采用导线测量的方法进行平面控制测量; 4.锻炼学生团队合作、认真负责、沟通交流、知识应用等素质和能力				
教学条件	教学场地:"教、学、做"一体化实训室和校园实训场地; 仪器设备:全站仪、棱镜及其配套工具; 学习材料:教材,《工程测量规范》(GB 50026—2007),任务指导书,学生工作页、学生评价页				
教学组织实施方式方法					
实施过程 (六阶段)	学生工作过程	教师活动内容		教学方式	学时
资讯	通过听讲、观看视频、实操训练等形式学习角度测量、距离测量、导线测量的基本理论知识和仪器的操作方法	以讲解、视频、操作演示、启发引导的教学方式使学生掌握导线测量相关知识		教师讲解、操作演示、学生实操、自主学习	6
决策	以小组讨论的形式完成下述内容:接受工作任务,现场踏勘、熟悉工作区域环境;明确工作任务,设计测量实施方案	提出工作任务,下发学生工作页,引导学生现场踏勘、熟悉场地、讨论工作方案		小组讨论、现场踏勘	0.5
计划	以小组讨论和角色扮演的方式,确定分工,明确各自责任,制订详细的工作计划;制定完成工作所需的仪器、工具的种类与数量	引导各组明确工作任务并制订详细的工作计划,检查学生计划的可实施性是否合理		小组讨论、角色扮演、教师引导	0.5
实施	以小组实训和角色扮演的方式,根据任务要求、工作计划进行导线测量外业工作并完成其内业计算工作	把控学生实施过程,现场指导,帮助学生解决工作中遇见的难题		实操训练、小组讨论、教师指导	7.5
检查	检查测量水平角、水平距离是否符合精度要求,检核内业计算是否正确	检查外业测量工作程序是否规范、合理,检核测量、计算结果是否符合精度要求		小组讨论、查阅资料、教师指导	0.5
评估	根据学生评价页进行评价,按老师安排完成相应的口试或笔试,编写工作总结报告	根据设计好的考核与评价体系综合评定学生成绩;对学生工作任务的实施情况进行点评和总结		学生自评、学生互评、教师评价	1

学习情境二

学习任务	工作任务二、全站仪坐标测量	参考学时:4
任务描述	利用全站仪的基本功能——数据采集,根据已知点的平面坐标经过建站、定向、检核后来测量某些点的坐标,在实际工程中应用比较广泛,且比较方便,容易操作。本次任务要求在实训场地内给定每组三个已知坐标点和几个待测坐标点、一个明显地物(如房屋),要求每组独立进行建站、定向、检核,然后测量出待测点的坐标和地物的平面位置	
学习目的	1.能熟练操作全站仪,并了解全站仪的基本应用测量功能; 2.熟练掌握全站仪的建站、定向、检核工作,了解其工作原理; 3.会操作全站仪进行坐标数据采集工作; 4.会用全站仪设置临时坐标转点和迁站建站工作; 5.能够熟练操作全站仪进行任何工作的数据采集工作	
教学条件	教学场地:"教、学、做"一体化实训室和校园实训场地; 仪器设备:全站仪、棱镜、脚架、棱镜杆等; 学习材料:教材,视频,全站仪说明书,任务指导书,学生工作页、学生评价页	

教学组织实施方式方法

实施过程 (六阶段)	学生工作过程	教师活动内容	教学方式	学时
资讯	通过听讲、观看视频、实操训练等形式学习全站仪建站、定向、检核等操作方法和工作原理	以视频、操作演示、讲解和启发引导的教学方式使学生掌握全站仪坐标测量的操作	教师讲解、操作演示、学生实操、自主学习	1
决策	以小组讨论的形式完成下述内容:接受工作任务,现场踏勘,熟悉工作区域环境;明确工作任务,设计测量实施方案	提出工作任务,下发学生工作页,引导学生现场踏勘、熟悉场地、讨论工作方案	小组讨论、现场踏勘	
计划	以小组讨论和角色扮演的方式,确定分工,明确各自责任,制订详细的工作计划;制定完成工作所需的仪器、工具的种类与数量	引导各小组明确工作任务并制订详细的工作计划,检查学生计划的可实施性是否合理	小组讨论、角色扮演、教师引导	0.5

教学组织实施方式方法				
实施过程 (六阶段)	学生工作过程	教师活动内容	教学方式	学时
实施	以小组实训和角色扮演的方式,根据任务要求、工作计划进行全站仪建站、定向工作并完成规定点坐标测量	把控学生实施过程,现场指导学生实施工作,帮助学生解决工作中遇见的问题	实操训练、小组讨论、教师指导	2
检查	检查测量数据的正确性,检核操作过程是否规范、合理	检查测量工作程序是否规范、合理,检查测量数据是否满足要求	小组讨论、数据比对、教师指导	0.5
评估	根据学生评价页进行评价,按老师安排完成相应的口试或笔试,编写工作总结报告	根据设计好的考核与评价体系综合评定学生成绩;对学生工作任务的实施情况进行点评和总结	学生自评、学生互评、教师评价	

学习情境三

学习任务	工作任务三、GNSS 坐标测量	参考学时:8
任务描述	GNSS 测量技术在房建、道路等土木工程中应用比较广泛,可以应用于控制测量、数据采集和施工放样等工作。本次任务是每组给定三个已知控制点和指定测量区域,要求各组学生进行架设基准站、移动站、设置工程、求转换参数等基本工作,然后进行指定测量区域地物的数据采集工作。旨在让学生了解 GNSS 测量技术、掌握 GNSS 接收机和手簿的操作,会进行 GNSS RTK 动态数据采集工作	
学习目的	1.了解卫星定位导航系统,了解 GNSS RTK 测量原理; 2.了解 GNSS RTK 测量技术在工程中的应用; 3.会操作 GNSS 接收机和手簿进行坐标测量工作; 4.了解 GNSS 静态测量	
学习任务	工作任务三、GNSS 坐标测量	参考学时:8
教学条件	教学场地:"教、学、做"一体化实训室和校园实训场地; 仪器设备:GNSS 接收机、工作手簿、脚架、对中杆等; 学习材料:教材、视频、仪器说明书、任务指导书、学生工作页、学生评价页	

续表

教学组织实施方式方法				
实施过程 (六阶段)	学生工作过程	教师活动内容	教学方式	学时
资讯	通过听讲、观看视频、实操训练等形式学习卫星定位导航系统,了解 GNSS 动态(RTK)测量技术,并会操作某一型号的 GNSS 接收机和手簿进行参数设置、坐标数据采集等工作	以视频、操作演示、讲解和启发引导的教学方式使学生掌握 GNSS RTK 测量技术等	教师讲解、操作演示、学生实操、自主学习	3
决策	以小组讨论的形式完成下述内容:接受工作任务,现场踏勘、熟悉工作区域环境;明确工作任务,设计测量实施方案	提出工作任务,下发学生工作页,引导学生现场踏勘、熟悉场地、讨论工作方案	小组讨论、现场踏勘	1
计划	以小组讨论和角色扮演的方式,确定分工,明确各自责任,制订详细的工作计划;制定完成工作所需的仪器、工具的种类与数量	引导各小组明确工作任务并制订详细的工作计划,检查学生计划的可实施性是否合理	小组讨论、角色扮演、教师引导	
实施	以小组实训和角色扮演的方式,根据任务要求、工作计划操作 GNSS 接收机和手簿进行仪器设置连接至坐标数据采集完成等工作	把控学生实施过程,现场指导,解决学生遇见的问题	实操训练、小组讨论、教师指导	3
检查	检核操作过程是否规范、点校正精度等的合理性,与原有坐标数据进行比较	检查测量工作程序是否规范,检查测量数据是否满足要求	小组讨论、数据比较、教师指导	1
评估	根据学生评价页进行评价,按老师安排完成相应的口试或笔试,编写工作总结报告	综合评定学生成绩;对学生工作实施情况进行点评和总结	学生自评、学生互评、教师评价	

学习情境四

学习任务	工作任务四、普通水准测量	参考学时:10
任务描述	水准测量是高程测量的常用方法,分为国家等级的水准测量和普通水准测量两种。本次任务要求学生掌握普通水准测量的外业观测和内业数据计算,教师给定每组两个已知高程点和几个待测高程点,布设为一条闭合(或附和)水准路线,要求每组成员能够熟练操作水准仪按照普通水准测量的技术要求和方法进行外业测量,并会测站数据计算、高差配赋和成果计算等工作	
学习目的	1.了解高程及我国采用的高程系统;了解水准测量的原理; 2.能够熟练操作水准仪进行测量,会高差的计算; 3.掌握普通水准测量的施测过程、测站检核方法及其测量注意事项; 4.会普通水准测量的内业计算; 5.了解水准测量的误差及其减弱措施	
教学条件	教学场地:"教、学、做"一体化实训室和校园实训场地; 仪器设备:水准仪、水准尺、脚架、尺垫等; 学习材料:教材、视频、任务指导书、学生工作页、学生评价页	

教学组织实施方式方法				
实施过程 (六阶段)	学生工作过程	教师活动内容	教学方式	学时
资讯	通过听讲、实操训练等形式学习水准测量原理、普通水准测量的外业观测及内业计算等基本知识,熟练掌握水准仪的操作	以讲解、操作演示、启发引导等方式使学生掌握普通水准测量相关知识和仪器操作等	教师讲解、操作演示、学生实操、自主学习	4
决策	以小组讨论的形式完成下述内容:接受工作任务,现场踏勘、熟悉工作区域环境;明确工作任务,设计测量实施方案	提出工作任务,下发学生工作页,引导学生现场踏勘、熟悉场地、讨论工作方案	小组讨论、现场踏勘	1
计划	以小组讨论和角色扮演的方式,确定分工,明确各自责任,制订详细的工作计划;制定完成工作所需的仪器、工具的种类与数量	引导各小组明确工作任务并制订详细的工作计划,检查学生计划的可实施性是否合理	小组讨论、角色扮演、教师引导	

续表

教学组织实施方式方法				
实施过程 (六阶段)	学生工作过程	教师活动内容	教学方式	学时
实施	以小组实训和分工合作的方式,根据任务要求、工作计划、点位情况等,操作水准仪采用双面尺法进行普通水准测量外业测量工作,并完成其内业计算	把控学生实施过程,现场指导、解决学生遇见的问题	实操训练、小组讨论、教师指导	4
检查	检查测量过程是否规范、数据计算是否正确,高差闭合差是否合格,与已知高程数据进行比较	检查测量工作过程是否规范、测量数据是否满足精度要求	小组讨论、数据比较、教师指导	1
评估	根据学生评价页进行评价,按老师安排完成相应的口试或笔试,编写工作总结报告	综合评定学生成绩;对学生工作实施情况进行点评和总结	学生自评、学生互评、教师评价	

学习情境五

学习任务	工作任务五、三、四等水准测量	参考学时:6
任务描述	三、四等水准测量常用于工程中的高程控制测量工作。本次任务是要求各小组采用三等或四等水准测量程序和技术要求,对上次任务中布设的闭合(或附合)水准路线进行测量和内业的处理计算,旨在使学生掌握三、四等水准测量的技术要求、测站操作程序、测站计算、检核计算和内业数据成果计算等,锻炼和培养学生的实际工作能力	
学习目的	1.了解三、四等水准测量技术指标要求; 2.掌握三、四等水准测量的每一测站的观测程序和测站计算; 3.掌握三、四等水准测量的检核计算; 4.掌握水准测量的高差配赋和成果计算; 5.培养学生的团队协作精神和认真负责、实事求是的工作态度	
教学条件	教学场地:"教、学、做"一体化实训室和校园实训场地; 仪器设备:水准仪、水准尺、脚架、尺垫等; 学习材料:教材,《国家三、四等水准测量规范》(GB/T 12898—2009),任务指导书、学生工作页、学生评价页	

教学组织实施方式方法				
实施过程 (六阶段)	学生工作过程	教师活动内容	教学方式	学时
资讯	通过听讲、实操训练等形式学习三、四等水准测量的测站观测程序、技术指标、测站计算、检核计算、成果计算等基本知识	以讲解、操作演示、启发引导等方式使学生掌握三、四等水准测量的相关知识和技能	教师讲解、操作演示、学生实操、自主学习	1
决策	以小组讨论的形式完成下述内容:接受工作任务,现场踏勘、熟悉工作区域环境;明确工作任务,设计测量实施方案	提出工作任务,下发学生工作页,引导学生现场踏勘、熟悉场地、讨论工作方案	小组讨论、现场踏勘	1
计划	以小组讨论和角色扮演的方式,确定分工,明确各自责任,制订详细的工作计划;制定完成工作所需的仪器、工具的种类与数量	引导各小组明确工作任务并制订详细的工作计划,检查学生计划的可实施性是否合理	小组讨论、教师引导	
实施	以小组实训和分工合作的方式,根据任务要求、工作计划、点位情况等,操作水准仪进行三等或四等水准测量工作,并完成其内业计算	把控学生实施过程,现场指导、解决学生遇见的问题	实操训练、小组讨论、教师指导	3
检查	检查测量过程是否规范、数据计算是否正确,高差闭合差是否合格,与已知高程数据进行比较	检查测量工作过程是否规范、测量数据是否满足精度要求	小组讨论、数据比较、教师指导	1
评估	根据学生评价页进行评价,按老师安排完成相应的口试或笔试,编写工作总结报告	综合评定学生成绩;对学生工作实施情况进行点评和总结	学生自评、学生互评、教师评价	

学习情境六

学习任务	工作任务六、二等水准测量	参考学时：4
任务描述	二等水准测量常用于精密工程中的高程测量工作,也常用于建筑物的沉降观测。本次任务是要求各小组采用二等水准测量的测量程序和技术要求,对上次任务中布设的闭合(或附合)水准路线进行测量和内业的处理计算,旨在使学生掌握二等水准测量的技术要求、奇偶测站操作程序、测站计算、检核计算和内业数据成果计算等,锻炼和培养学生的实际工作能力	
学习目的	1.了解二等水准测量技术指标要求; 2.掌握二等水准测量奇偶测站的观测程序和测站计算; 3.会熟练地操作和使用电子水准仪; 4.掌握水准测量的内业成果计算; 5.培养学生的团队协作精神和认真负责、实事求是的工作态度	
教学条件	教学场地:"教、学、做"一体化实训室和校园实训场地; 仪器设备:电子水准仪、条码水准尺、脚架、尺垫等; 学习材料:教材,《国家一、二等水准测量规范》(GB/T 12897—2006),任务指导书、学生工作页、学生评价页	

教学组织实施方式方法				
实施过程 (六阶段)	学生工作过程	教师活动内容	教学方式	学时
资讯	通过听讲、查阅规范、实操训练等形式学习二等水准测量的测站观测程序、技术指标、测站计算、检核计算、成果计算等基本知识	以讲解、操作演示、启发引导等方式使学生掌握二等水准测量的相关知识和技能	教师讲解、操作演示、学生实操、自主学习	1
决策	以小组讨论的形式完成下述内容:接受工作任务,现场踏勘、熟悉工作区域环境;明确工作任务,设计测量实施方案	提出工作任务,下发学生工作页,引导学生现场踏勘、熟悉场地、讨论工作方案	小组讨论、现场踏勘	0.5
计划	以小组讨论和角色扮演的方式,确定分工,明确各自责任,制订详细的工作计划;制定完成工作所需的仪器、工具的种类与数量	引导各小组明确工作任务并制订详细的工作计划,检查学生计划的可实施性是否合理	小组讨论、教师引导	

教学组织实施方式方法				
实施过程 (六阶段)	学生工作过程	教师活动内容	教学方式	学时
实施	以小组实训和分工合作的方式,根据任务要求、工作计划、点位情况等,操作电子水准仪完成已布设水准路线的二等水准测量工作,并完成其内业计算	把控学生实施过程、现场指导、解决学生遇见的问题	实操训练、小组讨论、教师指导	2
检查	检查测量过程是否规范、数据计算是否正确,高差闭合差是否合格,与已知高程数据进行比较	检查测量工作过程是否规范、测量数据是否满足精度要求	小组讨论、数据比较、教师指导	0.5
评估	根据学生评价页进行评价,按老师安排完成相应的口试或笔试,编写工作总结报告	综合评定学生成绩,对学生工作实施情况进行点评和总结	学生自评、学生互评、教师评价	

学习情境七

学习任务	工作任务七、三角高程测量	参考学时:4
任务描述	对于山区地形变化较大或者高差变化较大,不方便采用水准测量的情况,可以采用三角高程测量的方法得到两点之间的高差,从而计算待测点的高程。本次任务是在实训场地内选择高差变化较大的两点(其中一个点为高程数据已知,另一个点为高程未知),要求每组采用三角高程的测量方法通过实际测量和计算得到两点之间的高差,从而计算未知点的高程,锻炼学生的操作和计算能力,培养学生的实际工作能力	
学习目的	1.了解三角高程测量的原理; 2.了解竖直角、距离测量的技术指标要求; 3.掌握竖直角的观测方法和计算; 4.会熟练地操作全站仪测量竖直角和距离; 5.掌握三角高程测量的内业计算; 6.培养学生的团队协作精神和认真负责、实事求是的工作态度	

续表

学习任务	工作任务七、三角高程测量	参考学时:4

| 教学条件 | 教学场地:"教、学、做"一体化实训室和校园实训场地;
仪器设备:全站仪、棱镜、脚架、基座等;
学习材料:教材,《工程测量规范》(GB 50026—2007),任务指导书,学生工作页、学生评价页 | |

<table>
<tr><td colspan="5" align="center">教学组织实施方式方法</td></tr>
<tr><td>实施过程
(六阶段)</td><td>学生工作过程</td><td>教师活动内容</td><td>教学方式</td><td>学时</td></tr>
<tr><td>资讯</td><td>通过听讲、查阅规范、实操训练等形式学习竖直角的观测、三角高程测量的原理、观测方法、成果计算等知识</td><td>以讲解、操作演示、启发引导等方式使学生掌握三角高程测量的相关知识和技能</td><td>教师讲解、操作演示、学生实操、自主学习</td><td>1</td></tr>
<tr><td>决策</td><td>以小组讨论的形式完成下述内容:接受工作任务,现场踏勘、熟悉工作区域环境;明确工作任务,设计测量实施方案</td><td>提出工作任务,下发学生工作页,引导学生现场踏勘、熟悉场地、讨论工作方案</td><td>小组讨论、现场踏勘</td><td rowspan="2">0.5</td></tr>
<tr><td>计划</td><td>以小组讨论和角色扮演的方式,确定分工,明确各自责任,制订详细的工作计划;制定完成工作所需的仪器、工具的种类与数量</td><td>引导各小组明确工作任务并制订详细的工作计划,检查学生计划的可实施性是否合理</td><td>小组讨论、教师引导</td></tr>
<tr><td>实施</td><td>根据任务要求、工作计划、测区情况等操作全站仪按照三角高程测量的方法完成指定点高差测量工作并完成内业计算</td><td>把控学生实施过程,现场指导、解决学生遇见的问题</td><td>实操训练、小组讨论、教师指导</td><td>2</td></tr>
<tr><td>检查</td><td>检查测量过程是否规范、数据计算是否正确,并与已知高程数据进行比较</td><td>检查测量工作过程是否规范、测量数据是否满足精度要求</td><td>小组讨论、数据比较、教师指导</td><td rowspan="2">0.5</td></tr>
<tr><td>评估</td><td>根据学生评价页进行评价,按老师安排完成相应的口试或笔试,编写工作总结报告</td><td>综合评定学生成绩;对学生工作实施情况进行点评和总结</td><td>学生自评、学生互评、教师评价</td></tr>
</table>

学习情境八

学习任务	工作任务八、GNSS 高程测量	参考学时:4
任务描述	对于其他高程测量方法不便施测而高程数据精度要求不高的情况,可以采用 GNSS 高程测量的方法来得到未知点的高程,这种方法操作方便,不受通视条件、地形条件等的制约,可以全天候作业,在实际工程中应用很普遍。本次任务是要求每组在实训场地内选择三个已知控制点,通过操作某一型号的 GNSS 接收机和手簿,进行指定位置的高程测量工作,培养学生的实际工作能力	
学习目的	1.了解大地高、正高、正常高的概念及其相互关系; 2.了解 GNSS 拟合高程测量实施方法和技术要求; 3.掌握 GNSS 高程测量过程,会 GNSS 高程测量和计算; 4.培养学生的团队协作精神和认真负责、实事求是的工作态度	
教学条件	教学场地:"教、学、做"一体化实训室和校园实训场地; 仪器设备:GNSS 接收机、手簿、脚架、对中杆等; 学习材料:教材,《工程测量规范》(GB 50026—2007),任务指导书,学生工作页、学生评价页	

教学组织实施方式方法

实施过程 (六阶段)	学生工作过程	教师活动内容	教学方式	学时
资讯	通过听讲、查阅、实操训练等形式学习 GNSS 高程测量方面的基本知识	以讲解、操作演示、启发引导等方式使学生掌握 GNSS 高程测量方面的基本知识和工作技能	教师讲解、操作演示、学生实操、自主学习	1.5
决策	以小组讨论的形式完成下述内容:接受工作任务,现场踏勘、熟悉工作区域环境;明确工作任务,设计测量实施方案	提出工作任务,下发学生工作页,引导学生现场踏勘、熟悉场地、讨论工作方案	小组讨论、现场踏勘	0.5
计划	以小组讨论和角色扮演的方式,确定分工,明确各自责任,制订详细的工作计划;制定完成工作所需的仪器、工具的种类与数量	引导各小组明确工作任务并制订详细的工作计划,检查学生计划的可实施性是否合理	小组讨论、教师引导	

教学组织实施方式方法				
实施过程 (六阶段)	学生工作过程	教师活动内容	教学方式	学时
实施	以小组实训和分工合作的方式,架设基准站,连接移动站与工作手簿,新建任务并进行工程设置、参数校正等,然后对指定区域地物进行数据采集	把控学生实施过程,现场指导、解决学生遇见的问题	实操训练、小组讨论、教师指导	1.5
检查	检查测量过程是否规范、数据计算是否正确,并与已知高程数据进行比较	检查测量工作过程是否规范、测量数据是否满足精度要求	小组讨论、数据比较、教师指导	0.5
评估	根据学生评价页进行评价,按老师安排完成相应的口试或笔试,编写工作总结报告	综合评定学生成绩,对学生工作实施情况进行点评和总结	学生自评、学生互评、教师评价	

学习情境九

学习任务	工作任务九、施工场地平整	参考学时:6
任务描述	场地平整是将天然地面改造成工程上所要求的设计平面,主要有两个目的:一是通过场地的平整,使场地的自然标高达到设计要求的高度;二是在平整场地的过程中,建立必要的能够满足施工要求的供水、供电、道路及临时建筑设施,满足施工要求的必要条件。本次实训任务是在实训场地内选择一块地形不规则场地,要求各组测绘地形图,并根据测绘好的地形图进行场地平整方格网设计并计算土方量,然后现场按照设计好的方格网撒灰线、角点钉桩标注填挖数等	
学习目的	1.了解地形图的基本知识、会识读地形图; 2.会应用地形图解决实际工程应用问题,如查询点的坐标等; 3.会用方格网法进行场地平整设计和土方量计算; 4.锻炼学生的实际工作能力、现场沟通交流等工作能力	
教学条件	教学场地:"教、学、做"一体化实训室和施工测量实训场地; 仪器设备:GNSS接收机或全站仪及其配套工具、木桩、石灰等; 学习材料:教材、已测地形图、任务指导书、学生工作页、学生评价页	

续表

教学组织实施方式方法				
实施过程 (六阶段)	学生工作过程	教师活动内容	教学方式	学时
资讯	通过听讲、结合案例实操训练等形式学习有关地形图、地形图应用、方格网法场地平整计算等方面的基本知识	以讲解、工程案例、启发引导等方式使学生掌握地形图、场地平整等方面的基本知识和技能	教师讲解、案例演示、学生训练、自主学习	2
决策	以小组讨论的形式完成下述内容:接受工作任务,现场踏勘、熟悉工作区域环境;明确工作任务,设计测量实施方案	提出工作任务,下发学生工作页,引导学生现场踏勘、熟悉场地、讨论工作方案	小组讨论、现场踏勘	0.5
计划	以小组讨论和角色扮演的方式,确定分工,明确各自责任,制订详细的工作计划;制定完成工作所需的仪器、工具的种类与数量	引导各小组明确工作任务并制订详细的工作计划,检查学生计划的可实施性是否合理	小组讨论、教师引导	0.5
实施	测绘地形图,在地形图上采用方格网法进行场地平整设计和土方量计算,然后现场按照设计好的方格网撒灰线、钉桩标注填挖数等工作	把控学生实施过程,现场指导、解决学生遇见的问题	实操训练、小组讨论、教师指导	2.5
检查	检查方格网设计计算过程是否规范、正确,现场桩位及标定数据是否准确	检查学生工作过程是否规范,计算数据是否合理、准确	小组讨论、数据比较、教师指导	0.5
评估	根据学生评价页进行评价,按老师安排完成相应的口试或笔试,编写工作总结报告	综合评定学生成绩;对学生工作实施情况进行点评和总结	学生自评、学生互评、教师评价	

学习情境十

学习任务	工作任务十、建筑施工控制测量	参考学时:6

任务描述	建筑施工控制测量就是为工程建设施工而建立的施工控制网,包括平面控制网和高程控制网,为施工测量放线等工作提供坐标和高程参考依据。本次实训任务是在施工测量实训场地进行,由教师给定每组已设计好的平面图和施工图纸,要求学生综合考虑建筑物分布、场外已知控制点、场地情况等多种因素,各组自行布设平面控制网和高程控制网,包括选点设置标准、测量、数据计算与平差、成果整理等工作

学习目的	1.了解平面控制网和高程控制网的特点和种类,会进行施工控制网的坐标系统设计和精度设计; 2.掌握平面控制网和高程控制网的布设方法,能够综合考虑施工现场情况选取控制点位埋设标志,并结合以前所学知识和技能选择合适的方法和仪器工具进行控制网的测量、数据计算与处理等工作; 3.培养学生应用所学知识解决实际工作问题的能力

教学条件	教学场地:"教、学、做"一体化实训室和施工测量实训场地; 仪器设备:全站仪和水准仪及其配套工具、木桩等; 学习材料:教材,设计总平面图等图纸,《工程测量规范》(GB 50026—2007),《城市测量规范》(CJJ/T 8—2011),任务指导书,学生工作页、学生评价页

教学组织实施方式方法

实施过程 (六阶段)	学生工作过程	教师活动内容	教学方式	学时
资讯	通过听讲、结合案例、教学视频等形式学习施工控制网的建立、施工控制测量等方面的基本知识	以讲解、案例、视频、启发引导等方式使学生掌握施工控制测量方面的基本知识和技能	教师讲解、案例视频、学生训练、自主学习	2
决策	以小组讨论的形式完成下述内容:接受工作任务,现场踏勘、熟悉工作区域环境;明确工作任务,设计测量实施方案	提出工作任务,下发学生工作页,引导学生现场踏勘、熟悉场地、讨论工作方案	小组讨论、现场踏勘	0.5

续表

教学组织实施方式方法				
实施过程 (六阶段)	学生工作过程	教师活动内容	教学方式	学时
计划	确定分工,明确各自责任,制订详细的工作计划;制定完成工作所需的仪器、工具的种类与数量	引导各小组明确工作任务并制订详细的工作计划,检查学生计划的可实施性是否合理	小组讨论、教师引导	0.5
实施	以小组实训、角色扮演和分工合作的方式,布设平面控制网和高程控制网,进行控制网的测量、数据计算与整理等工作;	把控学生实施过程,现场指导、解决学生遇见的问题	实操训练、小组讨论、角色扮演、教师指导	2.5
检查	检查测量计算过程是否规范、正确,检核数据精度是否符合要求	检查计算是否准确、数据精度是否符合相关规范要求	小组讨论、数据比较、教师指导	0.5
评估	根据学生评价页进行评价,按老师安排完成相应的口试或笔试,编写工作总结报告	综合评定学生成绩;对学生工作实施情况进行点评和总结	学生自评、学生互评、教师评价	

学习情境十一

学习任务	工作任务十一、建筑物定位放线与±0标高测设	参考学时:6
任务描述	建筑物定位放线就是根据施工设计图纸,按照设计要求,将建筑物的平面尺寸、标高、位置测设到施工场地上对应的位置,为施工提供各种放线标志作为按图施工的依据。本次任务是在实训场地内根据已完成的施工控制网和设计图纸,将图纸上设计好的建筑物的位置测设到场地上并撒出外轮廓线,并将建筑物的±0标高测设到指定位置,旨在培养学生的实际测量放线的工作能力	
学习目的	1.会识读总平面图等建筑施工图纸,能够看懂建筑物尺寸关系,并能提取建筑物坐标、标高等信息; 2.能根据已知控制点等资料和图纸上建筑物轴线角点坐标采取一定的方法进行建筑物的平面位置放样,会引桩放样; 3.能够根据图纸尺寸进行建筑物外轮廓放样并撒灰线,会引测高程; 4.培养团队协作等精神,以及应用所学知识解决实际工作问题的能力	

学习任务	工作任务十一、建筑物定位放线与±0标高测设		参考学时:6	
教学条件	教学场地:"教、学、做"一体化实训室和施工测量实训场地; 仪器设备:全站仪、水准仪及其配套工具; 学习材料:教材,案例,图纸,《工程测量规范》(GB 50026—2007),任务指导书,学生工作页、学生评价页			
教学组织实施方式方法				
实施过程 (六阶段)	学生工作过程	教师活动内容	教学方式	学时
资讯	通过听讲、观看视频、小组讨论的形式学习点的平面位置测设、角度测设、直线测设、建筑物定位放线等基本理论知识和技能	以工程案例、操作演示、启发引导的教学方式介绍建筑物定位放线的基本知识	教师讲解、案例视频、学生训练、自主学习	2
决策	接受工作任务,现场踏勘、熟悉工作区域环境;明确工作任务,设计测量实施方案;确定定位放线的方法和精度要求	提出工作任务,下发学生工作页,引导学生现场踏勘、熟悉场地、讨论工作方案	小组讨论、现场踏勘	0.5
计划	以小组讨论和角色扮演的方式,确定分工,明确各自责任,制订详细的工作计划;制定完成工作所需的仪器、工具的种类与数量	引导各小组明确工作任务并制订详细的工作计划,检查学生计划的可实施性是否合理	小组讨论、教师引导	0.5
实施	以小组实训和角色扮演的方式,根据任务要求、工作计划和设计图纸等进行相关测设数据计算并完成现场放线与±0标高测设工作	把控学生实施过程,现场指导、解决学生遇见的问题	实操训练、小组讨论、角色扮演、教师指导	2
检查	检查计算数据是否正确、检核现场放样是否符合精度要求	检查操作步骤是否规范、检核放样结果是否符合精度要求	小组讨论、数据比较、教师指导	0.5
评估	根据学生评价页进行评价,按老师安排完成相应的口试或笔试,编写工作总结报告	综合评定学生成绩;对学生工作任务的实施情况进行点评和总结	学生自评、学生互评、教师评价	0.5

学习情境十二

学习任务	工作任务十二、基础施工测量	参考学时:6
任务描述	建筑物位置确定以后,一般需要根据建筑物的位置、尺寸、基础埋深等来确定基坑(槽)开挖边线并进行基坑(槽)开挖,确定基底标高、基础位置,进行基础施工测量放线等工作。本次任务是根据基础平面图、立面图等设计图纸和有关资料,计算基坑开挖边界线,在实训场地内进行开挖边线测设,控制基底标高和基础位置测设,并测设部分基础细部线	
学习目的	1.会识读总平面图、首层平面图、基础平面图等施工图纸; 2.会计算基坑开挖边界线、基底标高等尺寸关系; 3.能够进行基坑开挖边界线的测设工作; 4.会已知高程的测设工作,会控制基底标高; 5.能够进行基础位置、基础细部及地下建筑放线工作; 6.培养学生应用所学知识解决实际工作问题的能力	
教学条件	教学场地:"教、学、做"一体化实训室和校园施工测量实训场地; 仪器设备:全站仪和水准仪及其配套工具、木桩、白灰等; 学习材料:教材,施工图纸,《工程测量规范》(GB 50026—2007),任务指导书,学生工作页、学生评价页	

教学组织实施方式方法				
实施过程 (六阶段)	学生工作过程	教师活动内容	教学方式	学时
资讯	通过听讲、结合案例、教学视频等形式学习已知高程测设、基础开挖边线数据计算与测设、基础施工放线等知识和工作方法	以讲解、案例、视频、启发引导等方式使学生掌握施工控制测量方面的基本知识和技能	教师讲解、案例视频、学生训练、自主学习	1.5
决策	以小组讨论的形式完成下述内容:接受工作任务,现场踏勘、熟悉工作区域环境;明确工作任务,设计测量实施方案	提出工作任务,下发学生工作页,引导学生现场踏勘、熟悉场地、讨论工作方案	小组讨论、现场踏勘	0.5
计划	确定分工,明确各自责任,制订详细的工作计划;制定完成工作所需的仪器、工具的种类与数量	引导各小组明确工作任务并制订详细的工作计划,检查学生计划的可实施性是否合理	小组讨论、教师引导	0.5

续表

	教学组织实施方式方法			
实施过程 (六阶段)	学生工作过程	教师活动内容	教学方式	学时
实施	以小组实训、角色扮演和分工合作的方式,计算基坑开挖边线并测设,控制基底标高,测设基础细部线	把控学生实施过程,现场指导、解决学生遇见的问题	实操训练、小组讨论、角色扮演、教师指导	2.5
检查	检查测量计算过程是否规范、正确,检核数据精度是否符合要求	检查计算是否准确、数据精度是否符合相关规范要求	小组讨论、数据比较、教师指导	1
评价	根据学生评价页进行评价,按老师安排完成相应的口试或笔试,编写工作总结报告	综合评定学生成绩;对学生工作实施情况进行点评和总结	学生自评、学生互评、教师评价	

学习情境十三

学习任务	工作任务十三、建筑物轴线投测与标高传递	参考学时:4
任务描述	在多层、高层建筑物施工过程中,轴线放样与投测,标高传递是必不可少的测量工作。本次任务是在施工测量实训场地内,根据建筑施工图等设计图纸和有关技术资料,选择合理的轴线投测的方法并进行现场投测,再根据轴线关系进行某层的主控线的放样工作,并将某层的标高或+50线引测至指定位置	
学习目的	1.掌握多层建筑、高层建筑轴线投测的方法; 2.会采用外控法、内控法进行建筑物的轴线投测工作; 3.能够根据图纸尺寸关系和投测点进行细部放样工作; 4.会引测各层的标高及会测设+50线; 5.培养学生应用所学知识解决实际工作问题的能力	
教学条件	教学场地:"教、学、做"一体化实训室和校园施工测量实训场地; 仪器设备:全站仪、激光垂准仪、水准仪及其配套工具、红蓝铅笔、墨盒等; 学习材料:教材,施工图纸,《工程测量规范》(GB 50026—2007)、《高层建筑混凝土结构技术规程》(JGJ 3—2010),任务指导书,学生工作页、学生评价页	

续表

教学组织实施方式方法				
实施过程 (六阶段)	学生工作过程	教师活动内容	教学方式	学时
资讯	通过听讲、教学视频等形式学习轴线投测和标高传递等知识和工作方法	以讲解、视频、启发引导等方式使学生掌握轴线投测与标高传递的基本知识和技能	教师讲解、视频教学、学生训练、自主学习	1
决策	以小组讨论的形式完成下述内容:接受工作任务,现场踏勘、熟悉工作区域环境;明确工作任务,设计测量实施方案	提出工作任务,下发学生工作页,引导学生现场踏勘、熟悉场地、讨论工作方案	小组讨论、现场踏勘	0.5
计划	以小组讨论和角色扮演的方式,确定分工,明确各自责任,制订详细的工作计划;制定完成工作所需的仪器、工具的种类与数量	引导各小组明确工作任务并制订详细的工作计划,检查学生计划的可实施性是否合理	小组讨论、教师引导	
实施	以小组实训、角色扮演和分工合作的方式,根据任务要求和计划进行轴线投测和主控线放样工作,并引测标高至指定位置	把控学生实施过程,现场指导、解决学生遇见的问题	实操训练、小组讨论、角色扮演、教师指导	2
检查	检查仪器操作是否规范、轴线投测是否正确,放样结果是否合格	检查工作过程是否规范,检核主控线放样结果是否符合精度要求	小组讨论、教师指导	0.5
评估	根据学生评价页进行评价,按老师安排完成相应的口试或笔试,编写工作总结报告	综合评定学生成绩;对学生工作实施情况进行点评和总结	学生自评、学生互评、教师评价	

学习情境十四

学习任务	工作任务十四、竣工测量	参考学时:4
任务描述	工程竣工或部分竣工后,为获得已经建成后的建筑物、构筑物以及地下管线等的平面位置、高程等资料数据而进行的测量工作称为竣工测量,其最终结果是形成竣工总平面图。本次任务是每小组根据教师安排对指定已建区域进行竣工测量,并绘制竣工总平面图	
学习目的	1.了解竣工测量的目的; 2.掌握竣工测量的内容、方法和特点; 3.会进行竣工测量的数据整理与成果处理; 4.会编绘竣工总平面图和竣工测量报告; 5.培养学生应用所学知识解决实际工作问题的能力	
教学条件	教学场地:"教、学、做"一体化实训室和校园施工测量实训场地; 仪器设备:全站仪、棱镜(或 GNSS 接收机与手簿)及其配套工具等; 学习材料:教材,《工程测量规范》(GB 50026—2007),任务指导书,学生工作页、学生评价页	

教学组织实施方式方法				
实施过程 (六阶段)	学生工作过程	教师活动内容	教学方式	学时
资讯	通过听讲、案例等形式学习竣工测量的目的、测量内容、竣工图的编绘等方面的知识	以讲解、案例、启发引导等方式使学生掌握竣工测量的基本知识和技能	教师讲解、案例教学、自主学习	1
决策	以小组讨论的形式完成下述内容:接受工作任务,现场踏勘、熟悉工作区域环境;明确工作务,设计测量实施方案	提出工作任务,下发学生工作页,引导学生现场踏勘、熟悉场地、讨论工作方案	小组讨论、现场踏勘	0.5
计划	以小组讨论和分工合作的方式,确定分工,明确各自责任,制订详细的工作计划;制定完成工作所需的仪器、工具的种类与数量	引导各小组明确工作任务并制订详细的工作计划,检查学生计划的可实施性是否合理	小组讨论、教师引导	

续表

教学组织实施方式方法				
实施过程 (六阶段)	学生工作过程	教师活动内容	教学方式	学时
实施	以小组实训、角色扮演和分工合作的方式,根据任务要求和工作计划进行指定区域的竣工测量,并绘制竣工总平面图	把控学生实施过程,现场指导、解决学生遇见的问题	实操训练、小组讨论、教师指导	2
检查	检查仪器操作规程是否规范、测量地物等内容是否全面	检查工作过程是否规范,竣工测量内容是否符合要求	小组讨论、教师指导	0.5
评估	根据学生评价页进行评价,按老师安排完成相应的口试或笔试,编写工作总结报告	综合评定学生成绩;对学生工作实施情况进行点评和总结	学生自评、学生互评、教师评价	

学习情境十五

学习任务	工作任务十五、建筑物的沉降观测	参考学时:4
任务描述	对于高层建筑、大型工厂柱基、重型设备基础及高耸建筑物等,在施工期间和使用初期,由于基础和地基所承受的荷载不断增加,将引起基础及其四周地基的变形,大多数表现为建筑物产生沉降,其中以不均匀沉降的危害性最大,严重时会产生倾斜,甚至裂缝,危及建筑物的安全。本次任务是要求每组成员结合教师给定的工程案例进行建筑物变形观测方案设计和对某建筑物的多次观测数据进行数据处理和总结分析等,使学生掌握沉降观测知识	
学习目的	1.了解沉降观测的目的及意义; 2.了解沉降观测的技术要求; 3.掌握沉降基准点、沉降观测点的布设及要求; 4.掌握沉降观测的周期、精度要求及实施过程; 5.会进行沉降观测数据的处理、计算及数据分析; 6.会编写沉降观测技术方案	
教学条件	教学场地:"教、学、做"一体化实训室; 仪器设备:电子水准仪及其配套工具; 学习材料:教材、《建筑变形测量规范》(JGJ 8—2016),工程案例,已测数据,任务指导书、学生工作页、学生评价页	

续表

教学组织实施方式方法				
实施过程 (六阶段)	学生工作过程	教师活动内容	教学方式	学时
资讯	通过听讲、案例、教学视频等形式学习建筑物沉降观测的目的、观测方法、成果整理、数据分析等基本知识	以讲解、案例、教学视频等方式使学生掌握变形观测的基本知识和技能	教师讲解、案例教学、自主学习	1
决策	以小组讨论的形式完成下述内容:接受和明确工作任务,收集相关资料,讨论工作实施方案	提出工作任务,下发学生工作页和任务指导书,引导学生讨论工作方案	小组讨论、教师引导	0.5
计划	以小组讨论的方式制订详细的工作计划;根据相关资料制定编写变形观测技术方案大纲	引导各小组明确工作任务并制订详细的工作计划,检查学生的技术方案大纲内容是否全面、合理	小组讨论、教师引导	
实施	以小组讨论和合作的方式,根据任务要求、工作计划和技术方案大纲等编写某建筑物沉降观测技术方案,对原有数据进行计算和变形分析与总结	把控学生实施过程,现场指导、解决学生遇见的问题	小组讨论、教师指导	2
检查	检查技术方案内容是否规范、全面、合理及其可实施性,检查计算数据是否正确	检查技术方案的规范性、可实施性,检查计算数据的正确性、变形分析合理性	小组讨论、教师指导	0.5
评估	根据学生评价页进行评价,按老师安排完成相应的口试或笔试,编写工作总结报告	综合评定学生成绩;对学生工作实施情况进行点评和总结	学生自评、学生互评、教师评价	

学习情境十六

学习任务	工作任务十六、建筑物的倾斜观测	参考学时:4
任务描述	使用测量仪器来测定建筑物的基础或主体结构倾斜变化的工作称为倾斜观测,在高层(耸)建(构)筑物施工、厂房柱体吊装过程中,由于不均匀沉降及施工偏差等原因,将会导致建(构)筑物主体发生倾斜,需要进行倾斜观测。本次任务是对已建好的某高层建筑物采用相应的方法进行倾斜观测练习,并根据教师给定的某建筑多次倾斜观测数据进行数据整理和分析,编制倾斜观测成果表和曲线图,掌握倾斜观测的具体方法和相关计算	
学习目的	1.熟读相关规范,掌握倾斜观测的常用方法; 2.会进行一般建筑物主体的倾斜观测; 3.会圆形建筑物主体的倾斜观测; 4.掌握倾斜观测的数据处理与倾斜曲线图绘制; 5.培养学生应用所学知识解决实际工作问题的能力	
教学条件	教学场地:"教、学、做"一体化实训室和倾斜观测实训场地; 仪器设备:全站仪及其配套工具; 学习材料:教材,《建筑变形测量规范》(JGJ 8—2016),工程案例,任务指导书,学生工作页、学生评价页	

教学组织实施方式方法				
实施过程 (六阶段)	学生工作过程	教师活动内容	教学方式	学时
资讯	通过听讲、案例、教学视频等形式学习建筑物倾斜观测的基本知识	以讲解、案例、教学视频等方式使学生掌握倾斜观测的基本知识和技能	教师讲解、案例教学、自主学习	1
决策	以小组讨论的形式完成下述内容:接受和明确工作任务,收集相关资料,讨论工作实施方案	提出工作任务,下发学生工作页和任务指导书,引导学生讨论工作方案	小组讨论、教师引导	
计划	以小组讨论的方式制订详细的工作计划;根据相关资料制定编写倾斜观测技术方案大纲,制定完成工作所需的仪器、工具的种类与数量	引导各小组明确工作任务并制订详细的工作计划,检查学生的技术方案大纲内容是否全面、合理	小组讨论、教师引导	0.5

教学组织实施方式方法				
实施过程 (六阶段)	学生工作过程	教师活动内容	教学方式	学时
实施	以角色扮演和分工合作的方式,根据任务要求、工作计划和技术方案大纲进行指定建筑物的倾斜观测,对观测数据进行计算和变形分析与总结	把控学生实施过程,现场指导、解决学生遇见的问题	小组讨论、教师指导	2
检查	检查技术方案内容是否规范、全面、合理及其可实施性,检查计算数据是否正确	检查技术方案的规范性、可实施性,检查计算数据的正确性、变形分析合理性	小组讨论、教师指导	0.5
评估	根据学生评价页进行评价,按老师安排完成相应的口试或笔试,编写工作总结报告	综合评定学生成绩;对学生工作实施情况进行点评和总结	学生自评、学生互评、教师评价	

第三节 建筑工程测量学生工作页设计

　　职业教育课程设置的目标,就是培养学生具有在相应岗位工作的综合能力,要求学生掌握相应的知识、技能去完成某种特定的工作活动。针对这种情况,我们以建筑工程技术专业开设的建筑工程测量课程为研究对象,树立"以能力为本位"的教育目标,通过"以学生为主体"的行动实现岗位工作能力的内化与运用,并以基于工作过程的教学理念为主导思想,将建筑工程测量课程体系进行重构,优化整合教学内容,设计成为和实际建筑工程测量工作紧密联系的十六个工作任务,把学生学习过程与完成任务的工作过程结合在一起,开发为基于工作过程的"教、学、做"一体化的教学模式,并设计出基于工作过程的以实际测量任务为载体的学习情境和学生工作页。

　　学生工作页是根据每个任务的学习情境,以工作过程为导向,依照"资讯、决策、计划、实施、检查、评估"的六个步骤来组织实施教学的过程而设计,将学生的学习过程融入到具体的工作过程中,将学生的职业能力、职业素养等的培养亦融入到工作过程中,使学生真正做到"在工作中学习,在学习中工作",体现出了"以学生为主体,以教师为主导"的"教、学、做"一体化的教学过程,引导学生怎样学习,帮助学生学会工作,以便实现毕业后的"零距离上岗"目标。

学生工作页设计主要包括小组信息、任务名称、任务描述、任务目的、工作具体实施过程、组织方式、参考课时等内容,并在学生工作页中的开始部分设计有引导语,当学生一看到工作页就可以通过引导语知道自己组的工作任务、学习目的和工作要求等信息。而且在学生工作页中还设计了一些与任务内容相联系的问题,将学生需要掌握的知识点以问题的形式体现出来,使学生通过回答问题可以明白工作要点,并能够理清工作思路,用以引导和帮助学生顺利完成工作任务,达到学习目的。

学生工作页设计将学习过程与工作过程有机地结合起来,让学生在知识准备、明确任务、制订计划、做出决策、组织实施、质量控制、评价反馈的进程中进行工作和学习,学生在学生工作页的引导下从接受任务到完成任务,经过小组成员的共同学习、商讨、决策计划、具体工作实施、总结等环节,且在计划、决策、实施过程中自主学习的比例大大提高,而教师主要承担引导、组织、答疑和总结、评价、反馈工作,让学生有效地完成工作任务,解决工作中的问题,并能了解未来的职业工作,能够促进学生社会能力、职业能力等综合能力与素质的发展。

学生工作页一

亲爱的同学们:

当你看到此工作页的时候,我们的工作任务马上就要开始了。

本次课程的工作任务是全站仪导线测量,为了帮助和引导你们顺利完成此项工作任务,请你们认真阅读本工作页,并协同组长一起,认真仔细地填写此页,请根据任务要求和工作过程安排,按时、保质、高效地完成此项工作任务。

日期		天气		班级	
组别		组长姓名		组长学号	
成员姓名					
学号					
学习任务	工作任务一、全站仪导线测量			参考学时	16

任务描述	导线测量是工程中建立平面控制点常用的方法。根据工作场地、已有资料、原有已知坐标点分布等情况综合考虑，按照相关规范要求布设导线点，通过测量导线边长、导线转折角，再通过计算和平差处理最终得到导线点的平面坐标。在实训场地内，给定每组几个已知控制点数据，要求每组根据任务要求、已知点位置和现场地物分布情况等设置导线点，布设成一条闭合（或附合）导线，各小组使用全站仪及其配套工具进行外业测量，并进行内业成果计算
学习目的	1.会熟练操作全站仪等仪器及工具进行水平角、水平距离的测量和计算； 2.熟练掌握导线测量的外业工作和内业计算与成果数据处理； 3.使学生能够在实际工程岗位中采用导线测量的方法进行平面控制测量； 4.锻炼学生团队合作、认真负责、沟通交流、知识应用等的素质和能力

具体工作过程

实施过程		工作内容	实施方式	资料或仪器工具	参考学时
资讯阶段	接受工作任务	阅读任务描述，了解任务内容	教师讲授+操作演示+学生自学+实操训练	学生工作页、教材、任务指导书、《工程测量规范》（GB 50026—2007）	6
	明确学习目标	知道通过此任务的工作和学习可以掌握哪些知识和技能			
	准备基本知识	了解测量坐标系、导线的布设形式、技术要求等基础知识；全站仪的认识与操作；水平角的观测；水平距离的测量；导线测量的外业工作和内业计算			
决策阶段	明确工作任务	进一步明确工作任务，收集和准备相关资料	启发引导+小组讨论+自主学习	学生工作页	0.5
	熟悉工作场地	现场踏勘、熟悉工作环境			
	讨论工作方案	讨论测量实施计划和具体方案			

续表

具体工作过程					
实施过程		工作内容	实施方式	资料或仪器工具	参考学时
计划阶段	制订工作计划	确定小组成员分工,明确各自责任,商讨制订详细的工作计划	小组讨论+资料查阅+教师引导	学生工作页、任务指导书	0.5
	熟知技术要求	翻阅《工程测量规范》(GB 50026—2007)和相关资料,熟知导线测量技术精度要求			
	准备仪器设备	计划所需仪器、工具的种类与数量,填写仪器清单,领借仪器			
实施阶段	布设导线	根据任务要求布设导线点、设置点标志,绘制导线示意图	学生实操+小组讨论+现场操作+教师指导	全站仪及其配套工具	7.5
	外业工作	按导线等级技术指标要求,测量导线转折角、导线边长等			
	内业计算	进行导线测量内业计算			
检查阶段	质量检查控制	检查测量数据是否合格;检核内业计算过程是否正确、精度是否符合要求	小组讨论+资料查阅+教师指导	学生工作页、任务指导书	0.5
评价阶段	考核与评价	根据评价页指标要求进行自评和互评,按老师安排完成相应的口试、笔试或操作考核	学生评价+教师评价+总结反馈	学生评价页、总结报告	1
	总结与点评	编写工作总结报告,老师进行点评			

制订计划

根据你们的分析和讨论结果,工作任务进度安排如下:

序号	工作内容	人员分工和工作安排	计划用时	备注

水平角测量方法及观测过程:＿＿＿＿＿＿＿＿＿＿＿＿＿＿＿

水平距离测量及衡量其精度标准:＿＿＿＿＿＿＿＿＿＿＿＿＿

主要参考规范或依据:＿＿＿＿＿＿＿＿＿＿＿＿＿＿＿＿＿＿

使用仪器和工具(包括仪器型号和数量):＿＿＿＿＿＿＿＿＿

导线测量外业工作有:＿＿＿＿＿＿＿＿＿＿＿＿＿＿＿＿＿＿

导线测量内业计算步骤为:＿＿＿＿＿＿＿＿＿＿＿＿＿＿＿＿

外业工作过程情况记录

序号	工作内容	开始时间	结束时间	实施情况	备注

内业计算过程情况记录

计算过程或步骤		完成时间及情况		
序号	计算内容	计算者	使用时间	备注
导线示意图		其他情况说明		

检核记录

导线测量检核记录

续表

水平角	测回数	测量操作过程	测角误差	限差
水平距离	测回数	测量过程	相对误差	限差
内业计算	方位角闭合差	方位角闭合差限差	增量闭合差	增量闭合差限差

考核评价:请参阅考核评价页,在评价页上进行

工作总结:具体工作记录、计算表格、总结和收获体会等请另附纸张编写成总结报告上交

学生工作页二

亲爱的同学们:

当你看到此工作页的时候,我们的工作任务马上就要开始了。

本次课程的工作任务是全站仪坐标测量,为了帮助和引导你们顺利完成此项工作任务,请你们认真阅读本工作页,并协同组长一起,认真、仔细地填写此页,请根据任务要求和工作过程安排,按时、保质、高效地完成此项工作任务。

日期		天气		班级	
组别		组长姓名		组长学号	
成员姓名					
学号					
学习任务	工作任务二、全站仪坐标测量			参考学时	4
任务描述	利用全站仪的基本功能——数据采集,根据已知点的平面坐标经过建站、定向、检核后来测量某些点的坐标,在实际工程中应用比较广泛,且比较方便、容易操作。本次任务要求在实训场地内给定每组三个已知坐标点和几个待测坐标点、一个明显地物(如房屋),要求每组独立进行建站、定向、检核,然后测量出待测点的坐标和地物的平面位置				

学习目的	1.能熟练操作全站仪,并了解全站仪的基本应用测量功能; 2.熟练掌握全站仪的建站、定向、检核工作,了解其工作原理; 3.会操作全站仪进行坐标数据采集工作; 4.会用全站仪设置临时坐标转点和迁站建站工作; 5.能够熟练操作全站仪进行任何工作的数据采集工作

具体工作过程					
实施过程		工作内容	实施方式	资料或 仪器工具	参考 学时
资讯 阶段	接受工作任务	阅读任务描述,了解任务内容	教师讲授+ 操作演示+ 学生自学+ 实操训练	学生工作 页、教材、 视频、仪器 说明书	1
	明确学习目标	了解通过此任务的工作和学习可以掌握哪些知识和技能			
	准备基本知识	学习全站仪的建站、定向、检核、数据采集工作过程,并了解其工作原理			
决策 阶段	明确工作任务	进一步明确工作任务,收集和准备相关资料	启发引导+ 小组讨论	学生工作 页、任务指 导书	0.5
	熟悉工作场地	现场踏勘、熟悉工作环境			
	讨论工作方案	讨论测量实施计划和具体方案			
计划 阶段	制订工作计划	确定小组成员分工,明确各自责任,商讨制订详细的工作计划	小组讨论+ 资料查阅+ 教师引导	学生工作 页、任务指 导书	
	准备仪器设备	计划所需仪器、工具的种类与数量,填写仪器清单,领借仪器			
实施 阶段	组织实施工作	根据坐标控制点,安置全站仪,进行建站、定向、检核工作,然后进行规定点坐标测量和规定地物测量工作,并绘制草图	小组讨论+ 现场操作+ 教师指导	全站仪及 配套工具	2

具体工作过程					
实施过程		工作内容	实施方式	资料或仪器工具	参考学时
检查阶段	质量检查控制	检查测量数据的准确性,检核操作过程是否规范、合理,对中整平是否完好	小组讨论+数据比较+教师指导	学生工作页、已知数据或图	0.5
评价阶段	考核与评价	根据评价页指标要求进行自评和互评,按老师安排完成相应的口试、笔试或操作考核	学生评价+教师评价+总结反馈	学生评价页、总结报告	
	总结与点评	编写工作总结报告,老师进行点评			

制订计划

根据你们的分析和讨论结果,工作任务进度安排如下:

序号	工作内容	人员分工和工作安排	计划用时	备注

全站仪建站、定向、检核过程:_____

主要参考资料或依据:_____

使用仪器和工具(包括仪器型号和数量):_____

所用坐标系统为:_____

工作过程记录

序号	工作内容	开始时间	结束时间	实施情况	备注

相关测量数据记录					
已知控制点坐标			待测点坐标		
点号	X 坐标	Y 坐标	点号	X 坐标	Y 坐标

待测地物（点）与已知点位关系示意图	

其他工作情况记录：

检核记录

与原有标准数据（或标准图图纸）对比情况

点数	已知数据		现测数据		差值	
	X	Y	X	Y	ΔX	ΔY

考核评价：请参阅考核评价页，在评价页上进行

工作总结：具体工作记录、计算表格、总结和收获体会等请另附纸张编写成总结报告上交

学生工作页三

亲爱的同学们：

当你看到此工作页的时候，我们的工作任务马上就要开始了。

本次课程的工作任务是 GNSS 坐标测量，为了帮助和引导你们顺利完成此项工作任务，请你们认真阅读本工作页，并协同组长一起，认真、仔细地填写此页，请根据任务要求和工作过程安排，按时、保质、高效地完成此项工作任务。

日期		天气		班级	
组别		组长姓名		组长学号	
成员姓名					
学号					
学习任务	工作任务三、GNSS 坐标测量			参考学时	8
任务描述	GNSS 测量技术在房建、道路等土木工程中应用比较广泛，可以应用于控制测量、数据采集和施工放样等工作。本次任务是每组给定三个已知控制点和指定测量区域，要求各组学生进行架设基准站、移动站、设置工程、求转换参数等基本工作，然后进行指定测量区域地物的数据采集工作。旨在让学生了解 GNSS 测量技术、掌握 GNSS 接收机和手簿的操作，会进行 GNSS RTK 动态数据采集工作				
学习目的	1.了解卫星定位导航系统，了解 GNSS RTK 测量原理； 2.了解 GNSS RTK 测量技术在工程中的应用； 3.会操作 GNSS 接收机和手簿进行仪器连接、工程设置、参数校正、坐标数据采集等一系列工作； 4.了解 GNSS 静态测量				

具体工作过程				
实施过程		工作内容	实施方式	资料或仪器工具	参考学时
资讯阶段	接受工作任务	阅读任务描述,了解任务内容	教师讲授+操作演示+学生自学+实操训练	学生工作页、视频、仪器说明书	3
	明确学习目标	了解通过此任务的工作和学习可以掌握哪些知识和技能			
	准备基本知识	了解卫星定位导航系统,学习 GNSS RTK 测量技术;会操作某一型号的 GNSS 接收机和手簿进行仪器连接、工程设置、参数校正、坐标数据采集等一系列工作;了解 GNSS 静态测量			
决策阶段	明确工作任务	进一步明确工作任务,收集和准备相关资料	启发引导+小组讨论	学生工作页、任务指导书	0.5
	熟悉工作场地	现场踏勘、熟悉工作环境			
	讨论工作方案	讨论测量实施计划和具体方案			
计划阶段	制订工作计划	确定小组成员分工,明确各自责任,商讨制订详细的工作计划	小组讨论+资料查阅+教师引导	学生工作页、任务指导书	0.5
	准备仪器设备	计划所需仪器、工具的种类与数量,填写仪器清单,领借仪器			
实施阶段	组织实施工作	根据坐标控制点,架设基准站,连接移动站与工作手簿,进行工程设置、参数校正等,然后对指定区域地物进行坐标测量,并绘制草图	小组讨论+现场操作+教师指导	GNSS 接收机、手簿及配套工具	3

检查阶段	质量检查控制	检核参数校正的正确性,与原有数据进行比较,检查测量数据的准确性	小组讨论+数据比较+教师指导	学生工作页、已知数据或图	
评价阶段	考核与评价	根据评价页指标要求进行自评和互评,按老师安排完成相应的口试、笔试或操作考核	学生评价+教师评价+总结反馈	学生评价页、总结报告	1
	总结与点评	编写工作总结报告,教师进行点评			

制订计划

根据你们的分析和讨论结果,工作任务进度安排如下:

序号	工作内容	人员分工和工作安排	计划用时	备注

使用仪器和工具(仪器型号和数量):＿＿＿＿＿＿＿＿＿＿＿＿＿＿＿＿

基准站、移动站设置过程:＿＿＿＿＿＿＿＿＿＿＿＿＿＿＿＿＿＿＿

坐标系统:＿＿＿＿＿＿＿＿＿＿＿＿中央子午线:＿＿＿＿＿＿＿＿＿

点校正过程:＿＿＿＿＿＿＿＿＿＿＿＿＿＿＿＿＿＿＿＿＿＿＿＿

主要参考资料或依据:＿＿＿＿＿＿＿＿＿＿＿＿＿＿＿＿＿＿＿＿

已知控制点及其数据:＿＿＿＿＿＿＿＿＿＿＿＿＿＿＿＿＿＿＿＿

工作过程情况记录

序号	工作内容	开始时间	结束时间	实施情况	备注

续表

相关测量草图及数据				
测量坐标数据				测量地物草图
点号	X 坐标	Y 坐标	高程 H	

检核记录

与原有标准数据(或标准图图纸)对比情况

点数	已知数据		现测数据		差值	
	X	Y	X	Y	ΔX	ΔY

考核评价:请参阅考核评价页,在评价页上进行

工作总结:具体工作记录、计算表格、总结和收获体会等请另附纸张编写成总结报告上交

学生工作页四

亲爱的同学们：

当你看到此工作页的时候，我们的工作任务马上就要开始了。

本次课程的工作任务是普通水准测量，为了帮助和引导你们顺利完成此项工作任务，请你们认真阅读本工作页，并协同组长一起，认真、仔细地填写此页，请根据任务要求和工作过程安排，按时、保质、高效地完成此项工作任务。

日期		天气		班级	
组别		组长姓名		组长学号	
成员姓名					
学号					
学习任务	工作任务四、普通水准测量			参考学时	10
任务描述	水准测量是高程测量的常用方法，分为国家等级的水准测量和普通水准测量两种。本次任务要求学生掌握普通水准测量的外业观测和内业数据计算，教师给定每组两个已知高程点和几个待测高程点，布设为一条闭合(或附合)水准路线，要求每组能够熟练操作水准仪按照普通水准测量的技术要求和方法进行外业测量，并会测站数据计算、高差配赋和成果计算等工作				
学习目的	1.了解高程及我国采用的高程系统，了解水准测量的原理； 2.能够熟练操作水准仪进行测量，会高差的计算； 3.掌握普通水准测量的施测过程、测站检核方法及其测量注意事项； 4.会普通水准测量的内业计算； 5.了解水准测量的误差及其减弱措施				

具体工作过程					
实施过程		工作内容	实施方式	资料或仪器工具	参考学时
资讯阶段	接受工作任务	阅读任务描述,了解任务内容	教师讲授+操作演示+学生自学+实操训练	学生工作页、教材、任务指导书	4
	明确学习目标	了解通过此任务的工作和学习可以掌握哪些知识和技能			
	准备基本知识	学习高程及我国高程基准、普通水准测量的外业测量、测站检核、注意事项、测量误差、内业计算等知识,掌握水准仪的操作			
决策阶段	明确工作任务	进一步明确工作任务,收集和准备相关资料	启发引导+小组讨论+自主学习	学生工作页、已知高程数据	0.5
	熟悉工作场地	现场踏勘、熟悉已知点和待测点位置及分布情况等			
	讨论工作方案	讨论测量实施计划和具体方案			
计划阶段	制订工作计划	确定小组成员分工,明确各自责任,商讨制订详细的工作计划	小组讨论+资料查阅+教师引导	学生工作页、任务指导书	0.5
	熟知技术要求	翻阅相关测量规范和相关资料,熟知普通水准测量技术要求			
	准备仪器设备	计划所需仪器、工具的种类与数量,填写仪器清单,领借仪器			

具体工作过程					
实施过程		工作内容	实施方式	资料或仪器工具	参考学时
实施阶段	外业工作	熟练操作水准仪按照双面尺检核法的普通水准测量过程进行外业测量	学生实操+小组讨论+现场操作+教师指导	水准仪及其配套工具	4
	内业计算	进行测站数据计算和高差配赋及其高程数据计算等内业工作			
检查阶段	质量检查控制	检查测量数据是否合格;检核内业计算过程是否正确、精度是否符合要求	小组讨论+资料查阅+教师指导	学生工作页、已知高程数据	
评价阶段	考核与评价	根据评价页指标要求进行自评和互评,按老师安排完成相应的口试、笔试或操作考核	学生评价+教师评价+总结反馈	学生评价页、总结报告	1
	总结与点评	编写工作总结报告,教师进行点评			

制订计划

根据你们的分析和讨论结果,工作安排如下:

序号	工作内容	人员分工和工作安排	计划用时	备注

使用仪器和工具(包括仪器型号和数量):＿＿＿＿＿＿＿＿＿＿＿＿＿＿＿＿＿

该路线的布设形式:其高差闭合差计算公式:＿＿＿＿＿＿＿＿＿＿＿＿＿

高差闭合差调整方法:＿＿＿＿＿＿＿＿＿＿＿＿＿＿＿＿＿＿＿＿＿

该水准路线分为哪几个测段:＿＿＿＿＿＿＿＿＿＿＿＿＿＿＿＿＿

各个测段需测几个站:＿＿＿＿＿＿＿＿＿＿＿＿＿＿＿＿＿＿＿＿

水准点及高程数据:＿＿＿＿＿＿＿＿＿＿＿＿＿＿＿＿＿＿＿＿＿

双面尺法一个测站操作过程:_____

外业测量过程中需注意的事项:_____

工作过程情况记录

序号	工作内容	开始时间	结束时间	实施情况	备注

水准路线示意图:

检核记录
　高差闭合差:_____
　高差闭合差允许值为:_____

测量计算数据与原有高程数据比较情况							
点号	原高程值	测量值	差值	点号	原高程值	测量值	差值

考核评价:请参阅考核评价页,在评价页上进行

工作总结:具体测量计算表格及总结和收获体会等请另附纸张编写成总结报告上交

学生工作页五

亲爱的同学们：

当你看到此工作页的时候，我们的工作任务马上就要开始了。

本次课程的工作任务是三、四等水准测量，为了帮助和引导你们顺利完成此项工作任务，请你们认真阅读本工作页，并协同组长一起，认真仔细地填写此页，请根据任务要求和工作过程安排，按时、保质、高效地完成此项工作任务。

日期		天气		班级	
组别		组长姓名		组长学号	
成员姓名					
学号					
学习任务	工作任务五、三、四等水准测量			参考学时	6
任务描述	三、四等水准测量常用于工程中的高程控制测量工作。本次任务是要求各小组采用三等或四等水准测量程序和技术要求，对上次任务中布设的闭合(或附合)水准路线进行测量和内业的处理计算，旨在使学生掌握三、四等水准测量的技术要求、测站操作程序、测站计算、检核计算和内业数据成果计算等，锻炼和培养学生的实际工作能力				
学习目的	1.了解三、四等水准测量技术指标要求； 2.掌握三、四等水准测量的每一测站的观测程序和测站计算； 3.掌握三、四等水准测量的检核计算； 4.掌握水准测量的高差配赋和成果计算； 5.培养学生的团队协作精神和认真负责、实事求是的工作态度				

具体工作过程				
实施过程		工作内容	实施方式	资料或仪器工具	参考学时
资讯阶段	接受工作任务	阅读任务描述,了解任务内容	教师讲授+操作演示+学生自学+实操训练	学生工作页、教材、《国家三、四等水准测量规范》(GB/T 12898—2009)	1
	明确学习目标	了解通过此任务的工作和学习可以掌握哪些知识和技能			
	准备基本知识	学习三四等水准测量的测站观测程序、技术指标、测站计算、检核计算、成果计算等基本知识			
决策阶段	明确工作任务	进一步明确工作任务,收集和准备相关资料	启发引导+小组讨论+自主学习	学生工作页、任务指导书	
	熟悉工作场地	现场踏勘、熟悉已知点和待测点位置及分布情况等			
	讨论工作方案	讨论测量实施计划和具体方案			
计划阶段	制订工作计划	确定小组成员分工,明确各自责任,商讨制订详细的工作计划	小组讨论+资料查阅+教师引导	学生工作页、《国家三、四等水准测量规范》(GB/T 12898—2009)	1
	熟知技术要求	翻阅相关测量规范和相关资料,熟知三、四等水准测量技术要求			
	准备仪器设备	计划所需仪器、工具的种类与数量,填写仪器清单,领借仪器			

具体工作过程				
实施过程		工作内容	实施方式	资料或仪器工具	参考学时
实施阶段	外业工作	熟练操作水准仪,按照三等或四等水准测量的技术要求、测量过程实施外业测量工作和测站数据计算	学生实操+小组讨论+现场操作+教师指导	水准仪及其配套工具	3
	内业计算	进行测站数据检核计算、高差配赋及其高程数据计算等			
检查阶段	质量检查控制	检查测量数据是否合格;检核内业计算过程是否正确、精度是否符合要求	小组讨论+资料查阅+教师指导	学生工作页、任务指导书	
评价阶段	考核与评价	根据评价页指标要求进行自评和互评,按老师安排完成相应的口试、笔试或操作考核	学生评价+教师评价+总结反馈	学生评价页、总结报告	1
	总结与点评	编写工作总结报告,教师进行点评			

制订计划

根据你们的分析和讨论结果,工作安排如下:

序号	工作内容	人员分工和工作安排	计划用时	备注

使用仪器和工具(包括仪器型号和数量):＿＿＿＿＿＿＿＿＿＿＿＿＿

该路线的布设形式:＿＿＿＿＿＿＿＿＿＿＿＿＿＿＿＿＿＿＿＿＿＿

其高差闭合差计算公式:＿＿＿＿＿＿＿＿＿＿＿＿＿＿＿＿＿＿＿

高差闭合差调整方法:＿＿＿＿＿＿＿＿＿＿＿＿＿＿＿＿＿＿＿＿

该水准路线分为哪几个测段:＿＿＿＿＿＿＿＿＿＿＿＿＿＿＿＿＿

各个测段需测几个站:＿＿＿＿＿＿＿＿＿＿＿＿＿＿＿＿＿＿＿＿

一个测站操作过程：_____

需注意的事项：_____

技术指标要求

等级	视线长度（m）	视线高度（m）	前后视距差（m）	前后视距累积差（m）	黑红面读数之差（mm）	一测站所测高差之差（mm）

工作过程情况记录

序号	工作内容	开始时间	结束时间	实施情况	备注

检核记录
各测站测量数据合格情况：_____
高差闭合差：_____
高差闭合差允许值为：_____

测量计算数据与原有高程数据比较情况							
点号	原高程值	测量值	差值	点号	原高程值	测量值	差值

考核评价：请参阅考核评价页，在评价页上进行

工作总结：具体测量计算表格及总结和收获体会等请另附纸张编写成总结报告上交

学生工作页六

亲爱的同学们：

当你看到此工作页的时候，我们的工作任务马上就要开始了。

本次课程的工作任务是二等水准测量，为了帮助和引导你们顺利完成此项工作任务，请你们认真阅读本工作页，并协同组长一起，认真、仔细地填写此页，请根据任务要求和工作过程安排，按时、保质、高效地完成此项工作任务。

日期		天气		班级	
组别		组长姓名		组长学号	
成员姓名					
学号					
学习任务		工作任务六、二等水准测量		参考学时	4
任务描述		二等水准测量常用于精密工程中的高程测量工作，也常用于建筑物的沉降观测。本次任务是要求各小组采用二等水准测量的测量程序和技术要求，对上次任务中布设的闭合（或附合）水准路线进行测量和内业的处理计算，旨在使学生掌握二等水准测量的技术要求、奇偶测站操作程序、测站计算、检核计算和内业数据成果计算等，锻炼和培养学生的实际工作能力			
学习目的		1.了解二等水准测量技术指标要求； 2.掌握二等水准测量奇偶测站的观测程序和测站计算； 3.会熟练地操作和使用电子水准仪； 4.掌握水准测量的内业成果计算； 5.培养学生的团队协作精神和认真负责、实事求是的工作态度			

具体工作过程

实施过程		工作内容	实施方式	资料或仪器工具	参考学时
资讯阶段	接受工作任务	阅读任务描述，了解任务内容	教师讲授+操作演示+学生自学+实操训练	学生工作页、教材、《国家一、二等水准测量规范》（GB/T 12897—2006）	1
	明确学习目标	了解通过此任务的工作和学习可以掌握哪些知识和技能			
	准备基本知识	学习一、二等水准测量的测站观测程序、技术指标、测站计算、成果计算等基本知识，掌握电子水准仪的操作			

续表

		具体工作过程			
实施过程		工作内容	实施方式	资料或仪器工具	参考学时
决策阶段	明确工作任务	进一步明确工作任务,收集和准备相关资料	启发引导+小组讨论+自主学习	学生工作页、任务指导书	
	讨论工作方案	讨论测量实施计划和具体方案			
计划阶段	制订工作计划	确定小组成员分工,明确各自责任,商讨制订详细的工作计划	小组讨论+资料查阅+教师引导	学生工作页、《国家一、二等水准测量规范》(GB/T 12897—2006)	0.5
	熟知技术要求	翻阅相关测量规范和相关资料,熟知二等水准测量技术要求			
	准备仪器设备	计划所需仪器、工具的种类与数量,填写仪器清单,领借仪器			
实施阶段	外业工作	熟练操作水准仪按照二等水准测量的技术要求、测量过程实施外业测量工作和测站数据计算	学生实操+小组讨论+现场操作+教师指导	电子水准仪及其配套工具	2
	内业计算	进行测站数据检核计算、高差配赋及其高程数据计算等			
检查阶段	质量检查控制	检查测量数据是否合格;检核内业计算过程是否正确、精度是否符合要求	小组讨论+资料查阅+教师指导	学生工作页、任务指导书	
评价阶段	考核与评价	根据评价页指标要求进行自评和互评,按老师安排完成相应的口试、笔试或操作考核	学生评价+教师评价+总结反馈	学生评价页、总结报告	0.5
	总结与点评	编写工作总结报告,老师进行点评			

制订计划:				
根据你们的分析和讨论结果,工作安排如下:				
序号	工作内容	人员分工和工作安排	计划用时	备注

使用仪器和工具(包括仪器型号和数量):＿＿＿＿＿＿＿＿＿＿＿＿＿＿

该路线的布设形式:其高差闭合差计算公式为:＿＿＿＿＿＿＿＿＿＿＿

高差闭合差调整方法:＿＿＿＿＿＿＿＿＿＿＿＿＿＿＿＿＿＿＿＿

该水准路线分为哪几个测段:＿＿＿＿＿＿＿＿＿＿＿＿＿＿＿＿＿

各个测段需测几个测站:＿＿＿＿＿＿＿＿＿＿＿＿＿＿＿＿＿＿＿

奇数站和偶数站操作过程:＿＿＿＿＿＿＿＿＿＿＿＿＿＿＿＿＿＿

需注意的事项:＿＿＿＿＿＿＿＿＿＿＿＿＿＿＿＿＿＿＿＿＿＿＿

技术指标要求

等级	视线长度 (m)	视线高度 (m)	前后视距差 (m)	前后视距 累计差(m)	一测站所测高差 之差(mm)	高差闭合差

工作过程情况记录

序号	工作内容	开始时间	结束时间	实施情况	备注

续表

检核记录								
各测站测量数据合格情况：_____								
高差闭合差：_____				高差闭合差允许值为：_____				
测量计算数据与原有高程数据比较情况								
点号	原高程值	测量值	差值	点号	原高程值	测量值	差值	
考核评价：请参阅考核评价页，在评价页上进行								
工作总结：具体测量计算表格及总结和收获体会等请另附纸张编写成总结报告上交								

学生工作页七

亲爱的同学们：

当你看到此工作页的时候，我们的工作任务马上就要开始了。

本次课程的工作任务是三角高程测量，为了帮助和引导你们顺利完成此项工作任务，请你们认真阅读本工作页，并协同组长一起，认真、仔细地填写此页，请根据任务要求和工作过程安排，按时、保质、高效地完成此项工作任务。

日期		天气		班级	
组别		组长姓名		组长学号	
成员姓名					
学号					
学习任务	工作任务七、三角高程测量			参考学时	4
任务描述	对于山区地形变化较大或者高差变化较大，不方便采用水准测量的情况，可以采用三角高程测量的方法得到两点之间的高差，从而计算待测点的高程。本次任务是在实训场地内选择高差变化较大的两点（其中一个点为高程数据已知，另一个点为高程未知），要求每组采用三角高程的测量方法通过实际测量和计算得到两点之间的高差，从而计算未知点的高程，锻炼学生的操作和计算能力，培养学生的实际工作能力				

| 学习目的 | 1.了解三角高程测量的原理；
2.了解竖直角、距离测量的技术指标要求；
3.掌握竖直角的观测方法和计算；
4.会熟练地操作全站仪测量竖直角和距离；
5.掌握三角高程测量的内业计算；
6.培养学生的团队协作精神和认真负责、实事求是的工作态度 |

具体工作过程

实施过程		工作内容	实施方式	资料或 仪器工具	参考 学时
资讯 阶段	接受工作任务	阅读任务描述,了解任务内容	教师讲授+ 操作演示+ 学生自学+ 实操训练	学生工作 页、教材、 《工程测量 规范》(GB 50026— 2007)	1
	明确学习目标	了解通过此任务的工作和学习可以掌握哪些知识和技能			
	准备基本知识	学习竖直角的观测、三角高程测量的原理、观测方法、成果计算、误差减弱方法等基本知识			
决策 阶段	明确工作任务	进一步明确工作任务,收集和准备相关资料	启发引导+ 小组讨论+ 自主学习	学生工作 页、任务指 导书	
	熟悉工作场地	现场踏勘、熟悉已知点和待测点位置及分布情况等			
	讨论工作方案	讨论测量实施计划和具体方案			
计划 阶段	制订工作计划	确定小组成员分工,明确各自责任,商讨制订详细的工作计划	小组讨论+ 资料查阅+ 教师引导	学生工作 页、《工程 测量规范》 (GB 50026 —2007)	0.5
	熟知技术要求	翻阅相关测量规范和相关资料,熟知三角高程测量技术要求			
	准备仪器设备	计划所需仪器、工具的种类与数量,填写仪器清单,领借仪器			

具体工作过程				
实施过程		工作内容	实施方式	资料或仪器工具	参考学时

实施过程		工作内容	实施方式	资料或仪器工具	参考学时
实施阶段	外业工作	操作全站仪,按照三角高程测量的方法完成指定点高差测量工作,并进行对向观测	学生实操+小组讨论+现场操作+教师指导	全站仪及其配套工具	2
	内业计算	进行测站数据检核计算、高差配赋及其高程数据计算等			
检查阶段	质量检查控制	检查测量数据是否合格;检核内业计算过程是否正确、精度是否符合要求	小组讨论+资料查阅+教师指导	学生工作页、任务指导书	
评价阶段	考核与评价	根据评价页指标要求进行自评和互评,按老师安排完成相应的口试、笔试或操作考核	学生评价+教师评价+总结反馈	学生评价页、总结报告	0.5
	总结与点评	编写工作总结报告,教师进行点评			

制订计划:

根据你们的分析和讨论结果,工作安排如下:

序号	工作内容	人员分工和工作安排	计划用时	备注

使用仪器和工具(包括仪器型号和数量):＿＿＿＿＿＿＿＿＿＿＿＿

三角高程测量计算公式为:＿＿＿＿＿＿＿＿＿＿＿＿＿＿＿＿

对向观测可消除或减弱哪些误差:＿＿＿＿＿＿＿＿＿＿＿＿

测量需注意的事项:＿＿＿＿＿＿＿＿＿＿＿＿＿＿＿＿＿＿

三角高程测量实施过程及示意图:＿＿＿＿＿＿＿＿＿＿＿＿

技术指标要求

等级	每千米高差全中误差(mm)	边长(km)	观测方式	对向观测高差较差(mm)	附合或环线闭合差(mm)

工作过程情况记录：

序号	工作内容	开始时间	结束时间	实施情况	备注

测量记录与计算

起算点		待求点	
觇法	直		反
平距 D(m)			
竖直角 α			
$D\tan\alpha$(m)			
仪器高(m)			
觇标高(m)			
两差改正(m)			
高差 h(m)			
平均高差(m)			
起算点高程(m)			
所求点高程(m)			
检核记录			

续表

	测量计算数据与原有高程数据比较情况						
点号	原高程值	测量值	差值	点号	原高程值	测量值	差值

考核评价:请参阅考核评价页,在评价页上进行

工作总结:具体测量计算表格及总结和收获体会等请另附纸张编写成总结报告上交

学生工作页八

亲爱的同学们:

当你看到此工作页的时候,我们的工作任务马上就要开始了。

本次课程的工作任务是 GNSS 高程测量,为了帮助和引导你们顺利完成此项工作任务,请你们认真阅读本工作页,并协同组长一起,认真、仔细地填写此页,请根据任务要求和工作过程安排,按时、保质、高效地完成此项工作任务。

日期		天气		班级	
组别		组长姓名		组长学号	
成员姓名					
学号					
学习任务	工作任务八、GNSS 高程测量			参考学时	4
任务描述	对于其他高程测量方法不便施测而高程数据精度要求不高的情况,可以采用 GNSS 高程测量的方法来得到未知点的高程,这种方法操作方便,不受通视条件、地形条件等的制约,可以全天候作业,在实际工程中应用很普遍。本次任务是要求每组在实训场地内选择三个已知控制点,通过操作某一型号的 GNSS 接收机和手簿,进行指定位置的高程测量工作,培养学生的实际工作能力				
学习目的	1.了解大地高、正高、正常高的概念及其相互关系; 2.了解 GNSS 拟合高程测量实施方法和技术要求; 3.掌握 GNSS 高程测量过程,会 GNSS 高程测量和计算; 4.培养学生的团队协作精神和认真负责、实事求是的工作态度				

续表

具体工作过程					
实施过程		工作内容	实施方式	资料或仪器工具	参考学时
资讯阶段	接受工作任务	阅读任务描述,了解任务内容	教师讲授+操作演示+学生自学+实操训练	学生工作页、《工程测量规范》(GB 50026—2007)	1.5
	明确学习目标	了解通过此任务的工作和学习可以掌握哪些知识和技能			
	准备基本知识	学习大地高、正高、正常高的概念及其相互关系,学习GNSS高程测量和计算的基本知识			
决策阶段	明确工作任务	进一步明确工作任务,收集和准备相关资料	启发引导+小组讨论	学生工作页、任务指导书	
	熟悉工作场地	现场踏勘、熟悉工作环境			
	讨论工作方案	讨论测量实施计划和具体方案			
计划阶段	制订工作计划	确定小组成员分工,明确各自责任,商讨制订详细的工作计划	小组讨论+资料查阅+教师引导	学生工作页、任务指导书	0.5
	准备仪器设备	计划所需仪器、工具的种类与数量,填写仪器清单,领借仪器			
实施阶段	组织实施工作	根据任务要求和控制点情况,架设基准站,连接移动站与工作手簿,进行工程设置、参数校正等,然后对指定区域地物进行数据采集测量,并绘制草图	小组讨论+现场操作+教师指导	GNSS接收机、手簿及其配套工具	1.5

具体工作过程					
实施过程		工作内容	实施方式	资料或仪器工具	参考学时
检查阶段	质量检查控制	检核参数校正的正确性,与原有数据进行比较,检查测量数据的准确性	小组讨论+数据比较+教师指导	学生工作页、已知数据或图	0.5
评价阶段	考核与评价	根据评价页指标要求进行自评和互评,按教师安排完成相应的口试、笔试或操作考核	学生评价+教师评价+总结反馈	学生评价页、总结报告	
	总结与点评	编写工作总结报告,教师进行点评			

制订计划

根据你们的分析和讨论结果,工作任务进度安排如下:

序号	工作内容	人员分工和工作安排	计划用时	备注

使用仪器和工具(仪器型号和数量):＿＿＿＿＿＿＿＿＿＿＿＿＿＿＿＿＿

基准站、移动站设置过程:＿＿＿＿＿＿＿＿＿＿＿＿＿＿＿＿＿＿＿＿＿

点校正过程:＿＿＿＿＿＿＿＿＿＿＿＿＿＿＿＿＿＿＿＿＿＿＿＿＿＿＿

主要参考资料或依据:＿＿＿＿＿＿＿＿＿＿＿＿＿＿＿＿＿＿＿＿＿＿＿

已知控制点及其数据:＿＿＿＿＿＿＿＿＿＿＿＿＿＿＿＿＿＿＿＿＿＿＿

GNSS高程测量主要技术要求:＿＿＿＿＿＿＿＿＿＿＿＿＿＿＿＿＿＿＿

根据《工程测量规范》(GB 50026—2007)要求,GNSS高程测量成果应进行检验,检测点数要求为:＿＿＿＿＿＿＿＿＿＿＿＿＿＿＿＿＿＿＿＿＿＿＿＿＿

工作过程情况记录					
序号	工作内容	开始时间	结束时间	实施情况	备注

相关测量草图及数据

测量坐标数据				测量地物草图
点号	X 坐标	Y 坐标	高程 H	

检核记录

与原有标准数据或与水准测量结果对比情况

点号	原高程值	现测高程值	差值	点号	原高程值	现测高程值	差值

考核评价:请参阅考核评价页,在评价页上进行

工作总结:具体工作记录、计算表格、总结和收获体会等请另附纸张编写成总结报告上交

学生工作页九

亲爱的同学们：

当你看到此工作页的时候，我们的工作任务马上就要开始了。

本次课程的工作任务是施工场地平整，为了帮助和引导你们顺利完成此项工作任务，请你们认真阅读本工作页，并协同组长一起，认真、仔细地填写此页，请根据任务要求和工作过程安排，按时、保质、高效地完成此项工作任务。

日期		天气		班级	
组别		组长姓名		组长学号	
成员姓名					
学号					
学习任务	工作任务九、施工场地平整			参考学时	6
任务描述	场地平整是将天然地面改造成工程上所要求的设计平面，主要有两个目的：一是通过场地的平整，使场地的自然标高达到设计要求的高度；二是在平整场地的过程中，建立必要的能够满足施工要求的供水、供电、道路及临时建筑设施，满足施工要求的必要条件。场地平整时施工场地会兼有挖和填，常采用方格法来进行场地平整设计和土方量计算。本次实训任务是在实训场地内选择一块地形不规则场地，要求每组测绘地形图，并根据测绘好的地形图进行场地平整方格网设计并计算土方量，然后现场按照设计好的方格网撒灰线、角点钉桩标注填挖数等				
学习目的	1.了解地形图的基本知识、会识读地形图； 2.会应用地形图解决实际工程应用问题，如查询点的坐标等； 3.会用方格网法进行场地平整设计和土方量计算； 4.锻炼学生的实际工作能力、现场沟通交流等工作能力				

具体工作过程					
实施过程		工作内容	实施方式	资料或仪器工具	参考学时
资讯阶段	接受工作任务	阅读任务描述,了解任务内容	教师讲授+案例演示+学生自学	学生工作页、教材、任务指导书、工程案例	2
	明确学习目标	知道通过此任务的工作和学习可以掌握哪些知识和技能			
	准备基本知识	学习有关地形图、地形图应用、方格网法场地平整与土方计算等方面的基本知识			
决策阶段	明确工作任务	进一步明确工作任务,收集和准备相关资料	启发引导+小组讨论+自主学习	学生工作页、任务指导书	0.5
	熟悉工作场地	现场踏勘、熟悉工作环境			
	讨论工作方案	讨论测量实施计划和具体方案			
计划阶段	制订工作计划	确定小组成员分工,明确各自责任,商讨制订详细的工作计划	小组讨论+资料查阅+教师引导	学生工作页、任务指导书	0.5
	熟知技术要点	翻阅《工程测量规范》(GB 50026—2007)和相关资料,掌握场地平整与土方计算的主要技术要求			
	准备仪器设备	计划所需仪器、工具的种类与数量,填写仪器清单,领借仪器			
实施阶段	测绘地形图	测绘指定区域地形图	学生实操+角色扮演+小组讨论+教师指导	GNSS接收机、水准仪、钢尺、木桩、白灰等	2.5
	设计方格网	根据地形图等资料进行方格网设计与计算,并计算土方量			
	现场钉桩撒线	按照设计好的方格网,将网点钉好木桩并标注填挖数,然后撒出方格网线			

具体工作过程				
实施过程		工作内容	实施方式	资料或仪器工具	参考学时
检查阶段	质量检查控制	检查方格网设计与计算过程是否规范、正确,现场桩位及标定数据是否准确	小组讨论+资料查阅+教师指导	学生工作页	
评价阶段	考核与评价	根据评价页指标要求进行自评和互评,按教师安排完成相应的口试、笔试或操作考核	学生评价+教师评价+总结反馈	学生评价页	0.5
	总结与点评	各组拍摄照片,编写工作总结报告,教师进行点评			

制订计划

根据你们的分析和讨论结果,工作任务进度安排如下:

序号	工作内容	人员分工和工作安排	计划用时	备注

地形图测绘方法：_____
设计方格边长为：_____
得到方格角点地面高程的方法：_____
方格网编号方法：_____
如何计算设计高程：_____
如何计算各方格点填挖数：_____
如何计算土方量：_____
如何求出填挖边界线：_____
简述你组区域范围内场地平整如何实施：_____
使用仪器和工具(包括型号和数量)：_____
高程基准点及数据：_____
平面控制点及数据：_____
场地面积：_____ 设计高程：_____
最大高程：_____ 最小高程：_____
土方量：_____

实施过程记录					
序号	工作内容	开始时间	结束时间	实施情况	备注
其他工作情况记录:					
考核评价:请参阅考核评价页,在评价页上进行					
工作总结:具体工作总结和收获体会等请另附纸张编写成总结报告上交					

学生工作页十

亲爱的同学们:

当你看到此工作页的时候,我们的工作任务马上就要开始了。

本次课程的工作任务是建筑施工控制测量,为了帮助和引导你们顺利完成此项工作任务,请你们认真阅读本工作页,并协同组长一起,认真、仔细地填写此页,请根据任务要求和工作过程安排,按时、保质、高效地完成此项工作任务。

日期		天气		班级	
组别		组长姓名		组长学号	
成员姓名					
学号					
学习任务	工作任务十、建筑施工控制测量			参考学时	6
任务描述	建筑施工控制测量就是为工程建设施工而建立的施工控制网,包括平面控制网和高程控制网,为施工测量放线等工作提供坐标和高程参考依据。本次实训任务是在施工测量实训场地进行,由教师给定每组已设计好的总平面图和施工图纸,要求学生综合考虑建筑物分布、场外已知控制点、场地情况等多种因素,各组自行布设平面控制网和高程控制网,包括选点设置标志、实施外业测量、数据计算与平差、成果整理等工作				

续表

学习目的	1.了解平面控制网和高程控制网的特点和种类,会进行施工控制网的坐标系统设计和精度设计; 2.掌握平面控制网和高程控制网的布设方法,能够综合考虑施工现场情况选取控制点位埋设标志,并结合以前所学知识和技能选择合适的方法和仪器工具进行控制网的测量、数据计算与处理等工作; 3.培养学生应用所学知识解决实际工作问题的能力

具体工作过程

实施过程		工作内容	实施方式	资料或仪器工具	参考学时
资讯阶段	接受工作任务	阅读任务描述,了解任务内容	教师讲授+案例演示+学生自学	学生工作页、教材、案例、《工程测量规范》(GB 50026—2007)等	2
	明确学习目标	知道通过此任务的工作和学习可以掌握哪些知识和技能			
	准备基本知识	学习施工控制网的建立、施工控制测量等方面的基本知识			
决策阶段	明确工作任务	进一步明确工作任务,收集和准备相关资料	启发引导+小组讨论+自主学习	设计总平面图、任务指导书	0.5
	熟悉工作场地	现场踏勘、熟悉工作环境			
	讨论工作方案	讨论测量实施计划和具体方案			
计划阶段	制订工作计划	确定小组成员分工,明确各自责任,商讨制订详细的工作计划	小组讨论+资料查阅+教师引导	学生工作页、任务指导书、设计总平面图	0.5
	熟知技术要求	翻阅《工程测量规范》(GB 50026—2007)和相关资料,确定施工控制测量的方法和技术精度要求			
	准备仪器设备	计划所需仪器、工具的种类与数量,填写仪器清单,领借仪器			

具体工作过程				
实施过程		工作内容	实施方式	资料或仪器工具	参考学时

实施过程		工作内容	实施方式	资料或仪器工具	参考学时
实施阶段	选点布网测量	根据工作计划、工程图纸、施工场地情况等综合考虑布设平面控制网和高程控制网,并进行控制网的测量工作	学生实操+角色扮演+小组讨论+教师指导	全站仪、水准仪及其配套工具、桩等	2.5
	数据计算处理	测量数据计算与平差处理、内业成果整理			
检查阶段	质量检查控制	检查数据计算是否正确;检核成果数据是否符合精度要求	小组讨论+资料查阅+教师指导	《工程测量规范》(GB 50026—2007)	
评价阶段	考核与评价	根据评价页指标要求进行自评和互评,按教师安排完成相应的口试、笔试或操作考核	学生评价+教师评价+总结反馈	学生评价页	0.5
	总结与点评	各组拍摄放样结果照片,编写工作总结报告,教师进行点评			

制订计划

根据你们的分析和讨论结果,工作任务进度安排如下:

序号	工作内容	人员分工和工作安排	计划用时	备注

建立施工控制网的目的:＿＿＿＿＿＿＿＿＿＿＿＿＿＿

施工平面控制网的种类:＿＿＿＿＿＿＿＿＿＿＿＿＿

你组布设的属于哪一种平面控制网:＿＿＿＿＿＿＿＿

主要测量测设方法:＿＿＿＿＿＿＿＿＿＿＿＿＿＿＿

其主要技术要求:＿＿＿＿＿＿＿＿＿＿＿＿＿＿＿＿

主要参考规范或依据:＿＿＿＿＿＿＿＿＿＿＿＿＿＿

你组高程控制网的布设形式为:＿＿＿＿＿＿＿＿＿＿

其主要测量方法为:＿＿＿＿＿＿＿＿＿＿＿＿＿＿＿

使用仪器和工具(包括型号和数量):＿＿＿＿＿＿＿＿

简述具体实施过程并绘制控制网示意草图:＿＿＿＿＿＿

续表

已知控制点数据							
点号	X 坐标	Y 坐标	高程 H	点号	X 坐标	Y 坐标	高程 H

具体实施过程	控制网示意草图

工作过程记录

序号	工作内容	开始时间	结束时间	实施情况	备注

检核记录

考核评价:请参阅考核评价页,在评价页上进行

工作总结:具体工作总结和收获体会等请另附纸张编写成总结报告上交

学生工作页十一

亲爱的同学们：

当你看到此工作页的时候，我们的工作任务马上就要开始了。

本次课程的工作任务是建筑物定位放线与±0标高测设，为了帮助和引导你们顺利完成此项工作任务，请你们认真阅读本工作页，并协同组长一起，认真、仔细地填写此页，请根据任务要求和工作过程安排，按时、保质、高效地完成此项工作任务。

日期		天气		班级	
组别		组长姓名		组长学号	
成员姓名					
学号					
学习任务	工作任务十一、建筑物定位放线与±0标高测设			参考学时	6
任务描述	建筑物定位放线就是根据设计图纸，按照设计要求，将建筑物的平面尺寸、标高、位置测设到施工场地上对应的位置，为施工提供各种放线标志作为按图施工的依据。本次任务是在实训场地内根据已完成的施工控制网和提供的设计图纸，将图纸上设计好的建筑物的角点位置测设到场地上，并做好轴线引桩工作，再根据图纸尺寸撒出建筑物外轮廓线，放样工作全部完成后，请拍摄照片，并附在总结报告上，并引测±0标高至指定位置				
学习目的	1. 会识读总平面图等建筑施工图纸，能够看懂建筑物尺寸关系，并能提取建筑物坐标、标高等信息； 2. 能根据已知控制点等资料和图纸上建筑物轴线角点坐标采取一定的方法进行建筑物的平面位置放样，会引桩放样； 3. 能够根据图纸尺寸进行建筑物外轮廓放样并撒灰线； 4. 会已知高程的测设，会引测±0标高； 5. 培养学生认真负责、团队协作等精神，以及应用所学知识解决实际工作问题的能力				

具体工作过程					
实施过程		工作内容	实施方式	资料或仪器工具	参考学时
资讯阶段	接受工作任务	阅读任务描述,了解任务内容	教师讲授+案例演示+学生自学	学生工作页、教材、任务指导书、案例、《工程测量规范》（GB 50026—2007）	2
	明确学习目标	知道通过此任务的工作和学习可以掌握哪些知识和技能			
	准备基本知识	学习点的平面位置测设方法、全站仪放样和 GNSS 放样法,会识读施工图等图纸			
决策阶段	明确工作任务	进一步明确工作任务,收集和准备相关资料	启发引导+小组讨论+自主学习	学生工作页、任务指导书	0.5
	熟悉工作场地	现场踏勘、熟悉工作环境			
	讨论工作方案	讨论测量实施计划和具体方案			
计划阶段	制订工作计划	确定小组成员分工,明确各自责任,商讨制订详细的工作计划	小组讨论+资料查阅+教师引导	学生工作页、任务指导书、《工程测量规范》（GB 50026—2007）	0.5
	熟知技术要求	翻阅工程测量规范和相关资料,确定定位放线的方法和技术精度要求			
	准备仪器设备	计划所需仪器、工具的种类与数量,填写仪器清单,领借仪器			
实施阶段	准备测设数据	根据工作计划和设计图纸等进行相关测设数据提取或计算	学生实操+角色扮演+小组讨论+教师指导	全站仪及其配套工具、木桩、白灰等	2
	组织实施工作	完成建筑物主轴线角点定位并打入木桩,并做好轴线引桩,放样建筑物外轮廓并撒灰线			
检查阶段	质量检查控制	检查提取坐标和计算数据是否正确;检核放样结果是否符合精度要求	小组讨论+资料查阅+教师指导	学生工作页	0.5
评价阶段	考核与评价	根据评价页指标要求进行自评和互评,按教师安排完成相应的口试、笔试或操作考核	学生评价+教师评价+总结反馈	学生评价页	0.5
	总结与点评	各组拍摄放样结果照片,编写工作总结报告,教师进行点评			

制订计划

　　根据你们的分析和讨论结果,工作任务进度安排如下:

序号	工作内容	人员分工安排	计划用时	备注

　　定位测设方法:_____

　　主要技术要求:_____

　　主要参考依据:_____

　　使用仪器和工具(包括型号和数量):_____

　　简述实施过程:_____

测设数据

已知控制点数据			测设点数据		
测设点名	X 坐标	Y 坐标	测设点号	X 坐标	Y 坐标

测设数据 计算过程	定位放线示意图

续表

实施过程记录					
序号	工作内容	开始时间	结束时间	实施情况	备注

检核记录

建筑物定位放线检测记录				
测站	测设水平角	检测水平角	误差	限差
	测设水平距离	检测水平距离	相对误差	限差
测站	测设水平角	检测水平角	误差	限差
	测设水平距离	检测水平距离	相对误差	限差

其他检核情况

考核评价:请参阅考核评价页,在评价页上进行

工作总结:具体工作总结和收获体会等请另附纸张编写成总结报告上交

学生工作页十二

亲爱的同学们:

当你看到此工作页的时候,我们的工作任务马上就要开始了。

本次课程的工作任务是基础施工测量,为了帮助和引导你们顺利完成此项工作任务,请你们认真阅读本工作页,并协同组长一起,认真、仔细地填写此页,请根据任务要求和工作过程安排,按时、保质、高效地完成此项工作任务。

日期		天气		班级	
组别		组长姓名		组长学号	
成员姓名					
学号					
学习任务	工作任务十二、基础施工测量			参考学时	6

任务描述	建筑物位置确定以后,一般需要根据建筑物的位置、尺寸、基础埋深等来确定基坑(槽)开挖边线并进行基坑(槽)开挖,确定基底标高、基础位置,进行基础施工测量放线等工作。本次任务是根据基础平面图、立面图等设计图纸和有关资料,计算基坑开挖边界线,在实训场地内进行开挖边线测设,控制基底标高和基础位置测设,测设部分基础细部线
学习目的	1. 会识读总平面图、首层平面图、基础平面图等施工图纸; 2. 会计算基坑开挖边界线、基底标高等尺寸关系; 3. 能够进行基坑开挖边界线的测设工作; 4. 会已知高程的测设工作,会控制基底标高; 5. 能够进行基础位置、基础细部及地下建筑放线工作; 6. 培养学生应用所学知识解决实际工作问题的能力

具体工作过程

实施过程		工作内容	实施方式	资料或仪器工具	参考学时
资讯阶段	接受工作任务	阅读任务描述,了解任务内容	教师讲授 +案例演示 +学生自学	学生工作页、教材、任务指导书、案例	1.5
	明确学习目标	知道通过此任务的工作和学习可以掌握哪些知识和技能			
	准备基本知识	学习已知高程测设、基础开挖边线数据计算与测设、基础施工放线等知识和工作方法			
决策阶段	明确工作任务	进一步明确工作任务,收集和准备相关资料	启发引导 +小组讨论 +自主学习	学生工作页、任务指导书	0.5
	熟悉工作场地	现场踏勘、熟悉工作环境			
	讨论工作方案	讨论测量实施计划和具体方案			
计划阶段	制订工作计划	确定小组成员分工,明确各自责任,商讨制订详细的工作计划	小组讨论 +资料查阅 +教师引导	学生工作页、任务指导书	0.5
	熟知技术要求	翻阅教材等相关资料,熟知各项工作的方法和技术要求			
	准备仪器设备	计划所需仪器、工具的种类与数量,填写仪器清单,领借仪器			

具体工作过程				
实施过程		工作内容	实施方式	资料或仪器工具	参考学时

实施过程		工作内容	实施方式	资料或仪器工具	参考学时
实施阶段	准备测设数据	计算基坑开挖边线、基础底面标高等数据,提取相关测设坐标	学生实操＋角色扮演＋小组讨论＋教师指导	全站仪及其配套工具、木桩、白灰等	2.5
实施阶段	组织实施工作	确定基坑开挖边线并撒出灰线示意,引测基底标高,引测±0标高至指定位置,放样部分基础细部线	学生实操＋角色扮演＋小组讨论＋教师指导	全站仪及其配套工具、木桩、白灰等	2.5
检查阶段	质量检查控制	检查提取坐标和计算数据是否正确;检核放样结果是否符合精度要求	小组讨论＋资料查阅＋教师指导	学生工作页	1
评价阶段	考核与评价	根据评价页指标要求进行自评和互评,按教师安排完成相应的口试、笔试或操作考核	学生评价＋教师评价＋总结反馈	学生评价页	1
评价阶段	总结与点评	各组拍摄放样结果照片,编写工作总结报告,教师进行点评	学生评价＋教师评价＋总结反馈	学生评价页	1

制订计划

根据你们的分析和讨论结果,工作任务进度安排如下:

序号	工作内容	人员分工安排	计划用时	备注

基坑开挖边界线计算需考虑哪些:＿＿＿＿＿＿＿＿＿＿＿＿＿＿＿＿＿＿＿＿＿

该组设计图纸上的基础类型为:＿＿＿＿＿＿＿＿＿＿＿＿＿＿＿＿＿＿＿＿＿＿

计算完的基坑开挖尺寸为:＿＿＿＿＿＿＿＿＿＿＿＿＿＿＿＿＿＿＿＿＿＿＿

使用仪器和工具(包括型号和数量):＿＿＿＿＿＿＿＿＿＿＿＿＿＿＿＿＿＿＿

如何进行基坑开挖边线放线工作,简述其实施过程:＿＿＿＿＿＿＿＿＿＿＿＿

续表

基础底面高程为：＿＿＿＿＿＿＿＿＿＿＿＿＿＿＿＿＿＿＿＿＿＿＿＿＿

高程测设方法为：＿＿＿＿＿＿＿＿＿＿＿＿＿＿＿＿＿＿＿＿＿＿＿＿＿

该建筑室内地坪±0标高(绝对高程)为：＿＿＿＿＿＿＿＿＿＿＿＿＿＿＿

所用高程基准点号及高程数据为：＿＿＿＿＿＿＿＿＿＿＿＿＿＿＿＿＿

如何引测：＿＿＿＿＿＿＿＿＿＿＿＿＿＿＿＿＿＿＿＿＿＿＿＿＿＿＿

你组测设基础位置的方法为：＿＿＿＿＿＿＿＿＿＿＿＿＿＿＿＿＿＿＿

简述你组放样某基础细部线的过程：＿＿＿＿＿＿＿＿＿＿＿＿＿＿＿＿

已知控制点数据					
测设点名	X 坐标	Y 坐标	测设点号	X 坐标	Y 坐标

基础 细部 放样 过程	基础放样示意图

实施过程记录

序号	工作内容	开始时间	结束时间	实施情况	备注

检核记录

考核评价：请参阅考核评价页，在评价页上进行

工作总结：具体工作总结和收获体会等请另附纸张编写成总结报告上交

学生工作页十三

亲爱的同学们：

当你看到此工作页的时候，我们的工作任务马上就要开始了。

本次课程的工作任务是建筑物轴线投测与标高传递，为了帮助和引导你们顺利完成此项工作任务，请你们认真阅读本工作页，并协同组长一起，认真、仔细地填写此页，请根据任务要求和工作过程安排，按时、保质、高效地完成此项工作任务。

日期		天气		班级	
组别		组长姓名		组长学号	
成员姓名					
学号					
学习任务	工作任务十三、建筑物轴线投测与标高传递			参考学时	4
任务描述	在多层、高层建筑物施工过程中，轴线放线与投测、标高传递是必不可少的测量工作。本次任务是在施工测量实训场地内，根据建筑施工图等设计图纸和有关技术资料，选择合理的轴线投测的方法并进行现场投测，再根据轴线关系进行某层的主控线的放样工作，并将某层的标高或 +50 线引测至指定位置				
学习目的	1.掌握多层建筑、高层建筑轴线投测的方法。 2.会采用外控法、内控法进行建筑物的轴线投测工作； 3.能够根据图纸尺寸关系和投测点进行细部放样工作； 4.会引测各层的标高及会测设 +50 线； 5.培养学生应用所学知识解决实际工作问题的能力				

续表

具体工作过程					
实施过程		工作内容	实施方式	资料或仪器工具	参考学时
资讯阶段	接受工作任务	阅读任务描述,了解任务内容	教师讲授+案例演示+学生自学	学生工作页、教材、案例、《工程测量规范》(GB 50026—2007)	1
	明确学习目标	知道通过此任务的工作和学习可以掌握哪些知识和技能			
	准备基本知识	学习外控法、内控法等轴线投测和标高传递等知识和工作方法			
决策阶段	明确工作任务	进一步明确工作任务,收集和准备相关资料	启发引导+小组讨论+自主学习	学生工作页、任务指导书	0.5
	熟悉工作场地	现场踏勘、熟悉工作环境			
	讨论工作方案	讨论测量实施计划和具体方案			
计划阶段	制订工作计划	确定小组成员分工,明确各自责任,商讨制订详细的工作计划	小组讨论+资料查阅+教师引导	学生工作页、任务指导书	
	熟知技术要求	翻阅《工程测量规范》(GB 50026—2007)和相关资料,确定轴线投测和标高传递的方法和技术要求及精度指标			
	准备仪器设备	计划所需仪器、工具的种类与数量,填写仪器清单,领借仪器			
实施阶段	准备相关数据	根据工作计划和设计图纸等准备相关放线数据	学生实操+角色扮演+小组讨论+教师指导	全站仪、垂准仪、水准仪及其配套工具	2
	组织实施工作	根据所选方法现场进行轴线投测,并根据投测点位进行主控线放样,然后按相应方法引测层高			
检查阶段	质量检查控制	检查竖向投测偏差、标高竖向传递误差是否符合精度要求	小组讨论+资料查阅	《工程测量规范》(GB 50026—2007)	0.5
评价阶段	考核与评价	根据评价页指标要求进行自评和互评,按教师安排完成相应的口试、笔试或操作考核	学生评价+教师评价+总结反馈	学生评价页	
	总结与点评	各组拍摄放样结果照片,编写工作总结报告,教师进行点评			

制订计划

　　根据你们的分析和讨论结果,工作任务进度安排如下:

序号	工作内容	人员分工安排	计划用时	备注

轴线投测的方法主要有:_____

标高传递的方法主要有:_____

你组工作对象是高层建筑还是多层建筑:_____

选择的轴线投测方法为:_____

标高传递方法为:_____

实训现场已具备的条件:_____

主要参考规范或依据:_____

使用仪器和工具(包括型号和数量):_____

简述你组建筑轴线投测和标高传递过程:_____

技术精度指标具体有:_____

实施过程记录					
序号	工作内容	开始时间	结束时间	实施情况	备注

其他工作记录	
检核记录	
考核评价:请参阅考核评价页,在评价页上进行	
工作总结:具体工作总结和收获体会等请另附纸张编写成总结报告上交	

学生工作页十四

亲爱的同学们:

当你看到此工作页的时候,我们的工作任务马上就要开始了。

本次课程的工作任务是竣工测量,为了帮助和引导你们顺利完成此项工作任务,请你们认真阅读本工作页,并协同组长一起,认真、仔细地填写此页,请根据任务要求和工作过程安排,按时、保质、高效地完成此项工作任务。

日期		天气		班级	
组别		组长姓名		组长学号	
成员姓名					
学号					
学习任务	工作任务十四、竣工测量			参考学时	4
任务描述	工程竣工或部分竣工后,为获得已经建成后的建筑物、构筑物及地下管线等的平面位置、高程等资料数据而进行的测量工作称为竣工测量,其最终结果是形成竣工总平面图。本次任务是每小组根据教师安排对指定已建区域进行竣工测量,并绘制竣工总平面图				
学习目的	1.了解竣工测量的目的; 2.掌握竣工测量的内容、方法和特点; 3.会进行竣工测量的数据整理与成果处理; 4.会编绘竣工总平面图和竣工测量报告; 5.培养学生应用所学知识解决实际工作问题的能力				

具体工作过程				
实施过程		工作内容	实施方式	资料或仪器工具	参考学时
资讯阶段	接受工作任务	阅读任务描述,了解任务内容	教师讲授+案例演示+学生自学	学生工作页、教材、任务指导书、案例	1
	明确学习目标	知道通过此任务的工作和学习可以掌握哪些知识和技能			
	准备基本知识	学习竣工测量的目的、测量内容、竣工图的编绘等方面的知识			
决策阶段	明确工作任务	进一步明确工作任务,收集和准备相关资料	启发引导+小组讨论+自主学习	学生工作页、任务指导书	
	熟悉工作场地	现场踏勘、熟悉工作环境			
	讨论工作方案	讨论测量实施计划和具体方案			
计划阶段	制订工作计划	确定小组成员分工,明确各自责任,商讨制订详细的工作计划	小组讨论+资料查阅+教师引导	学生工作页、任务指导书	0.5
	熟知技术要求	翻阅教材、规范等相关资料,熟知竣工测量内容和技术要求			
	准备仪器设备	计划所需仪器、工具的种类与数量,填写仪器清单,领借仪器			
实施阶段	组织实施工作	根据任务要求和工作计划,进行指定区域范围的竣工测量工作,编绘竣工图,写竣工测量报告	学生实操+小组讨论+教师指导	GNSS接收机及其配套工具	2
检查阶段	质量检查控制	检查测量内容是否完整,有无遗漏;检查是否按要求编绘竣工图	小组讨论+资料查阅	《工程测量规范》(GB 50026—2007)	
评价阶段	考核与评价	根据评价页指标要求进行自评和互评,按教师安排完成相应的口试、笔试或操作考核	学生评价+教师评价+总结反馈	学生评价页	0.5
	总结与点评	各组拍摄放样结果照片,编写工作总结报告,教师进行点评			

制订计划				
根据你们的分析和讨论结果,工作任务进度安排如下:				
序号	工作内容	人员分工安排	计划用时	备注

竣工测量的目的:＿＿＿＿＿＿＿＿＿＿＿＿＿＿＿＿＿＿＿＿＿＿＿＿＿

你组竣工测量范围内主要测量内容有:＿＿＿＿＿＿＿＿＿＿＿＿＿＿＿

编绘竣工图需要收集的资料有:＿＿＿＿＿＿＿＿＿＿＿＿＿＿＿＿＿＿

你组目前收集的资料有:＿＿＿＿＿＿＿＿＿＿＿＿＿＿＿＿＿＿＿＿＿

竣工图的比例尺为:＿＿＿＿＿＿＿＿＿＿＿＿＿＿＿＿＿＿＿＿＿＿＿

坐标系为:＿＿＿＿＿＿＿＿＿＿＿＿＿＿＿＿＿＿＿＿＿＿＿＿＿＿＿

高程系为:＿＿＿＿＿＿＿＿＿＿＿＿＿＿＿＿＿＿＿＿＿＿＿＿＿＿＿

竣工总图的编绘应满足哪些要求:＿＿＿＿＿＿＿＿＿＿＿＿＿＿＿＿＿

主要参考规范和依据为:＿＿＿＿＿＿＿＿＿＿＿＿＿＿＿＿＿＿＿＿＿

使用仪器和工具(包括型号和数量):＿＿＿＿＿＿＿＿＿＿＿＿＿＿＿＿

请画出测量草图:

实施过程记录					
序号	工作内容	开始时间	结束时间	实施情况	备注
检查记录					

考核评价:请参阅考核评价页,在评价页上进行

工作总结:具体工作总结和收获体会等请另附纸张编写成总结报告上交

学生工作页十五

亲爱的同学们:

当你看到此工作页的时候,我们的工作任务马上就要开始了。

本次课程的工作任务是建筑物的沉降观测,为了帮助和引导你们顺利完成此项工作任务,请你们认真阅读本工作页,并协同组长一起,认真、仔细地填写此页,请根据任务要求和工作过程安排,按时、保质、高效地完成此项工作任务。

日期		天气		班级	
组别		组长姓名		组长学号	
成员姓名					
学号					
学习任务	工作任务十五、建筑物的沉降观测			参考学时	4
任务描述	对于高层建筑、大型工厂柱基、重型设备基础、高耸建筑物等,在施工期间和使用初期,由于基础和地基所承受的荷载不断增加,将引起基础及其四周地基的变形,大多数表现为建筑物产生沉降,其中以不均匀沉降的危害性最大,严重时会产生倾斜,甚至裂缝,危及建筑物的安全。本次任务是要求每组结合教师给定的工程案例进行建筑物变形观测方案设计和对某建筑物的多次观测数据进行数据处理和总结分析等,使学生掌握沉降观测的有关知识				

续表

| 学习目的 | 1. 了解沉降观测的目的及意义；
2. 了解沉降观测的技术要求；
3. 掌握沉降基准点、沉降观测点的布设及要求；
4. 掌握沉降观测的周期、精度要求及实施过程；
5. 会进行沉降观测数据的处理、计算及数据分析；
6. 会编写沉降观测技术方案 |

具体工作过程

实施过程		工作内容	实施方式	资料或仪器工具	参考学时
资讯阶段	接受工作任务	阅读任务描述，了解任务内容	教师讲授+案例演示+学生自学	学生工作页、教材、工程案例	1
	明确学习目标	知道通过此任务的工作和学习可以掌握哪些知识和技能			
	准备基本知识	学习建筑物沉降观测的目的、观测方法、成果整理、数据分析等基本知识			
决策阶段	明确工作任务	进一步明确工作任务，收集和准备相关资料	启发引导+小组讨论+自主学习	学生工作页、任务指导书	0.5
	讨论工作方案	讨论测量实施计划和具体方案			
计划阶段	制订工作计划	确订小组成员分工，明确各自责任，商讨制订详细的工作计划	小组讨论+资料查阅+教师引导	学生工作页、《建筑变形测量规范》（JGJ 8—2016）	
	熟知技术要点	翻阅教材、规范等相关资料，熟知各项工作的方法和技术要求			
实施阶段	编写技术方案	根据任务要求并结合工程案例编写某建筑物变形观测技术方案	学生练习+小组讨论+教师指导	沉降观测工程案例、已测数据、《建筑变形测量规范》（JGJ 8—2016）、电子水准仪及其配套工具	2
	数据计算分析	根据已给的多期次沉降观测外业测量数据进行变形量计算、绘制相应的沉降观测成果图，并进行变形分析与总结			

具体工作过程				
实施过程		工作内容	实施方式	资料或仪器工具	参考学时

实施过程		工作内容	实施方式	资料或仪器工具	参考学时
检查阶段	质量检查控制	检查计算数据、变形分析等是否正确;检查技术方案内容是否完整	小组讨论+资料查阅+教师指导	《建筑变形测量规范》(JGJ 8—2016)	0.5
评价阶段	考核与评价	根据评价页指标要求进行自评和互评,按老师安排完成相应的口试、笔试或操作考核	学生评价+教师评价+总结反馈	学生评价页	
	总结与点评	各组拍摄放样结果照片,编写工作总结报告,老师进行点评			

制订计划

根据你们的分析和讨论结果,工作任务进度安排如下:

序号	工作内容	人员分工安排	计划用时	备注

沉降观测的目的是:＿＿＿＿＿＿＿＿＿＿＿＿＿＿＿＿＿＿＿＿＿＿

沉降观测水准点、工作基点设置要求:＿＿＿＿＿＿＿＿＿＿＿＿＿＿

沉降观测点布设要求:＿＿＿＿＿＿＿＿＿＿＿＿＿＿＿＿＿＿＿＿＿

沉降观测使用仪器和工具有:＿＿＿＿＿＿＿＿＿＿＿＿＿＿＿＿＿＿

观测要求"三固定"是指:＿＿＿＿＿＿＿＿＿＿＿＿＿＿＿＿＿＿＿

沉降观测方法宜采用:＿＿＿＿＿＿＿＿＿＿＿＿＿＿＿＿＿＿＿＿＿

沉降观测时间和周期怎么确定:＿＿＿＿＿＿＿＿＿＿＿＿＿＿＿＿＿

首次观测宜在何时：_____

增加观测次数的情况有：_____

观测精度衡量指标为：_____

计算沉降量、累计沉降量的原理是：_____

如何判定建筑沉降是否进入稳定阶段：_____

沉降观测需提交的成果有：_____

沉降观测成果图有哪些？怎么绘制：_____

实施过程记录

序号	工作内容	开始时间	结束时间	实施情况	备注

其他工作记录

考核评价：请参阅考核评价页，在评价页上进行

工作总结：具体工作总结和收获体会等请另附纸张编写成总结报告上交

学生工作页十六

亲爱的同学们：

当你看到此工作页的时候，我们的工作任务马上就要开始了。

本次课程的工作任务是建筑物的倾斜观测，为了帮助和引导你们顺利完成此项工作任务，请你们认真阅读本工作页，并协同组长一起，认真、仔细地填写此页，请根据任务要求和工作过程安排，按时、保质、高效地完成此项工作任务。

日期		天气		班级	
组别		组长姓名		组长学号	
成员姓名					
学号					
学习任务	工作任务十六、建筑物的倾斜观测			参考学时	4
任务描述	使用测量仪器来测定建筑物的基础或主体结构倾斜变化的工作称为倾斜观测，在高层(耸)建(构)筑物施工、厂房柱体吊装过程中，由于不均匀沉降及施工偏差等原因，将会导致建(构)筑物主体发生倾斜，需要进行倾斜观测。本次任务是对已建好的某高层建筑物采用相应的方法进行倾斜观测练习，并根据教师给定的某建筑多次倾斜观测数据进行数据整理和分析，编制倾斜观测成果表和曲线图，掌握倾斜观测的具体方法和相关计算				
学习目的	1. 熟读规范，掌握倾斜观测的常用方法； 2. 会进行一般建筑物主体的倾斜观测； 3. 会圆形建筑物主体的倾斜观测； 4. 掌握倾斜观测的数据处理与倾斜曲线图绘制； 5. 培养学生应用所学知识解决实际工作问题的能力				

续表

具体工作过程				
实施过程		工作内容	实施方式	资料或仪器工具	参考学时
资讯阶段	接受工作任务	阅读任务描述,了解任务内容	教师讲授＋案例演示＋学生自学	学生工作页、教材、工程案例、《建筑变形测量规范》(JGJ 8—2016)	1
	明确学习目标	知道通过此任务的工作和学习可以掌握哪些知识和技能			
	准备基本知识	学习建筑物倾斜观测的目的、观测方法、成果整理、数据分析等基本知识			
决策阶段	明确工作任务	进一步明确工作任务,收集和准备相关资料	启发引导＋小组讨论＋自主学习	学生工作页、任务指导书	
	讨论工作方案	讨论测量实施计划和具体方案			
计划阶段	制订工作计划	确定小组成员分工,明确各自责任,商讨制订详细的工作计划	小组讨论＋资料查阅＋教师引导	学生工作页、《建筑变形测量规范》(JGJ 8—2016)	0.5
	熟知技术要点	翻阅教材、规范等相关资料,熟知倾斜观测的方法和技术要求			
实施阶段	编写技术方案	根据任务要求并结合工程案例编写某建筑物倾斜观测技术方案	学生练习＋小组讨论＋教师指导	倾斜观测案例、已测数据、《建筑变形测量规范》(JGJ 8—2016)、全站仪及配套工具	2
	数据计算分析	根据任务要求和规范规定选择合适的方法进行一次建筑主体倾斜观测,根据原有测量数据计算其变形量、绘制主体倾斜曲线图和倾斜观测成果表			
检查阶段	质量检查控制	检查计算数据、变形分析等是否正确;检查技术方案内容是否完整	小组讨论＋资料查阅＋教师指导	《建筑变形测量规范》(JGJ 8—2016)	0.5
评价阶段	考核与评价	根据评价页指标要求进行自评和互评,按教师安排完成相应的口试、笔试或操作考核	学生评价＋教师评价＋总结反馈	学生评价页	
	总结与点评	各组拍摄放样结果照片,编写工作总结报告,教师进行点评			

·118·

制订计划				
根据你们的分析和讨论结果,工作任务进度安排如下:				
序号	工作内容	人员分工安排	计划用时	备注

倾斜观测的目的是：_____

建筑主体倾斜观测应测定建筑物顶部观测点相对于底部固定点的_____

主体倾斜观测点和测站点的布设要求为：_____

倾斜观测周期怎么确定：_____

主体倾斜观测的精度：_____

其主要参考规范和依据有：_____

当从建筑或构件的外部观测主体倾斜时,宜选用的方法有：_____

当利用建筑或构件的顶部与底部之间的通视条件进行主体倾斜观测时,宜选用的方法
有：_____

当利用相对沉降量间接确定建筑整体倾斜时,宜选用的方法有：_____

倾斜观测应提交的资料有：_____

续表

实施过程记录：

序号	工作内容	开始时间	结束时间	实施情况	备注

其他工作记录：

考核评价：请参阅考核评价页，在评价页上进行

工作总结：具体工作总结和收获体会等请另附纸张编写成总结报告上交

第四节　建筑工程测量考核评价页设计

本课程是以工作任务为载体的基于工作过程的"教、学、做"一体化的教学模式，学生是"在工作中学习，在学习中工作"，每个任务的完成都需要经过从接受任务、学习准备到组织实施、检查控制这样一个具体的工作过程，所以在考核评价时，对于学生工作过程的考核是必不可少的一个环节，但过程性考核的方式让学生也会感觉不严谨，容易在平时的学习中忽视理论知识掌握的重要性，因此结果性考核也是很有必要的。为了充分体现这门课程的特点，采用过程性评价和结果性考核相结合的考核方式。

过程性评价是在学生实施工作任务的"资讯、决策、计划、实施、检查、评估"的各个阶段，从学生的信息检索（如知识查阅与应用）、工作过程（如学习与工作态度、出勤情况、工作的积极性及主动性、协作程度等）和工作结果（如知识掌握程度、工作质量等）等方面进行评价指标性设计，根据评价指标采用教师评价、学生的自我评价与学生之间互相评价相结合的方式进行，具体评价指标体系如表3-2～表3-4所示，学生出勤情况记录如表3-5所示。

结果性考核采用口试、笔试和操作考核的方式进行。传统的结果性考核是以笔试为主，但在实际工程中的特点是：完成实际工作任务往往是手中只要

有规范、资料等，查阅就可以了。职业教育要突出以能力为本位。口试是相对于笔试而言的一种创新，由任课教师主持，考试设置考签，每个考签上设置一些特定的题目，根据班级人数设置考签的个数，把这门课的全部内容都概括进去，让每个学生抽一个考签进行口述答题，根据学生答题情况当场就可以给分。这样学生都知道考签上是什么题，但就不知道会抽到哪个考签。这样的考试方式很特别，它使学生没有作弊的机会，通过教师面对面地向学生提问题可以直接掌握学生的真实水平，也可以锻炼学生的口才和心理素质。

这里的笔试主要侧重于这门课的内业计算方面，教师可以设计一些工作任务的案例或现场测量数据以纸质文本的形式发给学生，在教师的监督下要学生现场解答计算，主要来考查学生的计算能力及分析问题、解决问题的能力，这样能更好地考核学生对所学知识的综合应用能力。

操作考核的目的是考察学生的实际操作技能，主要侧重于仪器的操作、应用及单项工作能力方面，避免有些学生在工作中懒于思考和动手操作、只重理论轻实践的情况。由教师根据完成的学习任务设计好操作考试项目和考核标

表 3-2　学生自评表

工作任务			日期	
班级		姓名		学号	
评价内容及分值				自评得分
评价类别	评价要素	权重	评价指标分值	
信息检索（15%）	能根据任务要求和学习目的,利用教材、参考资料、规范、网络等资源进行有效学习,掌握基本理论知识和仪器操作技能	10%	10 分:能、掌握很好; 6 分:能、基本掌握; 3 分:能、掌握小部分; 0 分:没有掌握	
	能根据教材、规范、资料等查找有效信息,并能将查找的信息运用到工作中	2%	2 分:能; 1 分:基本上能; 0 分:不能	
	能够自主学习且不流于形式、有条理地解释和表述所学知识	3%	3 分:能; 2 分:基本能; 0 分:不能	

评价内容及分值				自评得分
评价类别	评价要素	权重	评价指标分值	
感知工作（10%）	正确理解和熟知工作任务、目的明确	3%	3分:熟知、明确; 2分:基本知道、明确; 0分:不知道、不明确	
	能制订工作计划和技术方案,熟悉工作过程安排	4%	4分:能、熟悉; 2分:基本上能; 0分:不能	
	熟悉自己的岗位职责要求,思路清晰,能上手工作	3%	3分:能; 1分:基本上能; 0分:不能	
参与状态（20%）	积极主动参与工作、服从组长及教师管理与安排	5%	5分:主动参与、服从安排; 2分:只是参与、不服从安排; 0分:不参与、不服从	
	与老师、同学之间相互尊重、理解、平等并保持多向、丰富、适宜的沟通交流,团结协作意识强	5%	5分:尊重、团队意识强; 3分:尊重、团队意识弱; 0分:不尊重	
	有较强的责任心和使命感,关心工作,工作不推诿、不拖延	5%	5分:责任心强、工作主动; 2分:工作靠指挥; 0分:无责任心,拖延、推诿	
	能主动思考,遇见问题要积极思考、分析和解决问题,有自己独特的见解	5%	5分:主动思考并能解决; 3分:主动思考但不会; 0分:不思考、靠别人	
工作过程（25%）	遵守各项管理规定和仪器安全要求,爱护仪器设备和工具,仪器操作规范	5%	5分:遵守规定、爱护仪器; 2分:违规操作仪器; 0分:仪器摔碰	
	按工作计划、技术方案及任务要求执行工作	5%	5分:严格按计划、方案执行; 2分:偶尔按计划; 0分:不按计划行事	

评价内容及分值				自评得分
评价类别	评价要素	权重	评价指标分值	
工作过程（25%）	测绘测设工作要按正确步骤、程序执行,符合操作规程和规范要求	5%	5 分:测量步骤正确; 2 分:测量过程不明确; 0 分:胡乱操作测量	
	数据计算书写符合相关规范要求,不得篡改和编造测量数据	10%	10 分:书写整洁、规范; 6 分:书写规范、不整洁; 2 分:书写不规范; 0 分:没有书写或编造数据	
工作结果（15%）	按时完成自己的工作任务,按时上交成果数据、工作总结报告等资料	5%	5 分:按时完成、上交; 3 分:延后完成、上交; 2 分:完成、上交资料不全; 0 分:没有完成	
	测量精度或检核结果是否符合相关技术要求	5%	5 分:合限; 2 分:超限; 0 分:没计算或没检核	
	是否较好地掌握了专业知识点和技能点;是否有较强的信息分析、理解能力	5%	5 分:掌握很好; 3 分:掌握较好; 0 分:没有掌握	
出勤情况（15%）	是否按时出勤、不迟到早退、不缺勤、不旷工	15%	全勤为 15 分;迟到与早退（5 min 以内）一次扣 1 分;迟到与早退（5 ~ 20 min）一次扣 2 分;迟到与早退（超过 20 min）按旷课记;旷课 1 学时扣 3 分;请假 1 学时扣 1 分	
自评结果				
其他情况				
说明	因学生缺勤没有参与此项学习与工作,自评结果由教师直接按 0 分记;其余情况请参考评价指标酌情进行评价			

表 3-3　学生互评表

工作任务				日期	
班级		姓名		学号	
评价内容及分值					得分
评价项目	评价要素	权重	评价指标分值		
信息检索 （20%）	能根据任务要求和学习目的,利用教材、参考资料、规范、网络等资源进行有效学习,掌握基本理论知识和仪器操作技能	10%	10 分:能、掌握很好; 6 分:能、基本掌握; 3 分:能、掌握小部分; 0 分:没有掌握		
	能根据教材、规范、资料等查找有效信息,并能将查找的信息运用到工作中	5%	5 分:能; 3 分:基本上能; 0 分:不能		
	能够自主学习且不流于形式、有条理地解释和表述所学知识	5%	3 分:自主学习; 2 分:靠他人督促; 0 分:不自主学习		
感知工作 （10%）	正确理解和熟知工作任务、目的明确、能制订工作计划和技术方案,熟悉工作过程安排	5%	5 分:能、熟悉; 2 分:基本上能; 0 分:不能		
	熟悉自己的岗位职责要求,思路清晰,能上手工作	5%	5 分:能上手; 2 分:基本上能; 0 分:不能		
参与状态 （25%）	积极主动参与计算、数据整理、总结编写等工作,服从组长及教师管理与安排	10%	10 分:主动参与、服从安排; 5 分:参与部分、服从安排; 0 分:不参与、不服从		
	与老师、同学之间相互尊重、理解、平等并保持多向、丰富、适宜的沟通交流,团结协作意识强	5%	5 分:尊重、团队意识强; 3 分:尊重、团队意识弱; 0 分:不尊重		
	有较强的责任心和使命感、关心工作,工作不推诿、不拖延	5%	5 分:责任心强、工作主动; 2 分:工作靠指挥; 0 分:无责任心,拖延、推诿		
	能主动思考,遇见问题要积极思考、分析和解决问题,有自己独特的见解	5%	5 分:主动思考并能解决; 3 分:主动思考但不会; 0 分:不思考、靠别人		

评价内容及分值				得分
评价项目	评价要素	权重	评价指标分值	
工作过程（25%）	遵守各项管理规定和仪器安全要求，爱护仪器设备和工具，仪器操作规范	5%	5分：遵守规定、爱护仪器； 2分：违规操作仪器； 0分：仪器摔碰	
	按工作计划、技术方案及任务要求执行工作	5%	5分：严格按计划、方案执行； 0分：不按计划行事	
	测绘测设工作要按正确步骤、程序执行，符合操作规程和规范要求	5%	5分：测量步骤正确； 2分：测量过程不明确； 0分：胡乱操作测量	
	数据计算书写符合规范要求，不得篡改和编造测量数据	10%	10分：书写整洁、规范； 6分：书写规范、不整洁； 2分：书写不规范； 0分：没有书写或编造数据	
工作结果（10%）	测量精度或检核结果是否符合相关技术要求	5%	5分：合限； 2分：超限； 0分：没计算或没检核	
	是否较好地掌握了专业知识点和技能点；是否有较强的信息分析、理解能力	5%	5分：掌握很好； 3分：掌握较好； 0分：没有掌握	
出勤情况（10%）	是否按时出勤、不迟到早退、不缺勤、不旷工	10%	全勤为10分； 迟到与早退（5 min 以内）一次扣 1 分；迟到与早退（5～20 min）一次扣 2 分；迟到与早退（超过 20 min）按旷课记； 旷课1学时扣3分； 请假1学时扣1分	
评价结果				
其他情况				
说明	因学生缺勤没有参与此项学习与工作，评价结果直接按 0 分记； 评价项目中没有的其他情况请参考评价指标酌情进行评价			

表 3-4　教师评价表

工作任务				日期		
班级			姓名		学号	
评价内容及分值						得分
评价指标		评价要素	分值	评价指标分值		
知识掌握 （20%）	知识 掌握	能否掌握该任务要求的理论知识，仪器操作是否熟练、是否熟知测量方法与步骤	15%	15分:掌握很好; 10分:基本掌握、操作不熟练; 5分:掌握不好、操作不熟练; 0分:没有掌握、不会操作		
	知识 构建 与应用	能否利用教材、工作页、资料、规范、网络等资源收集和查找有效信息，能否将所学知识应用到实际工作中	5%	5分:能; 2分:基本上能; 0分:不能		
工作管理 （50%）	过程 管理	能否根据教师的讲解、指导和提供的资料、工作页、任务指导书等进行有效的自主学习	5%	5分:自主学习; 2分:靠他人督促; 0分:不自主学习		
		针对工作任务能否反复查找资料、翻阅教材、研讨、编制工作计划或技术方案等	5%	5分:能; 2分:基本上能; 0分:不能		
		能否正确回答工作页或教师提出的相关问题，能否按计划和安排组织实施工作	5%	5分:能; 2分:基本上能; 0分:不能		
	自我 管理	是否主动承担工作任务、服从组长安排、积极与团队成员合作、履行自己的岗位职责	5%	5分:主动参与、服从安排; 3分:参与、不服从安排; 0分:不参与、不服从安排		

评价内容及分值				得分
评价指标	评价要素	分值	评价指标分值	
工作管理 （50%）	时间管理	上课和工作是否按时出勤、不迟到早退、不缺勤	15%	全勤为 15 分；迟到与早退（5 min 以内）一次扣 1 分；迟到与早退（5～20 min）一次扣 2 分；迟到与早退（超过 20 min）按旷课记；旷课 1 学时扣 3 分；请假 1 学时扣 1 分	
		有效组织学习和工作时间、按时组织实施完成任务并提交成果资料	5%	5 分：按时完成、上交； 3 分：延后完成、上交； 2 分：完成、上交资料不全； 0 分：没有完成	
	结果管理	工作计划、实施情况、成果报告、工作总结等资料数据是否齐全、完整、规范，精度是否合格	10%	10 分：资料齐全完整、合限； 6 分：资料不全、合限； 2 分：数据不全、超限； 0 分：没有资料或编造数据	
工作状态 （20%）	交往状态	与老师、同学之间的交流是否言行得体、有礼貌，并保持多向、丰富、适宜的信息交流和合作	5%	5 分：尊重、团队意识强； 3 分：尊重、团队意识弱； 0 分：不尊重	
	工作态度	是否有较强的责任心和使命感、关心工作、彼此交流、与小组成员团结协作，不拖延、不推诿	5%	5 分：责任心强、工作主动； 2 分：工作靠指挥； 0 分：无责任心，拖延、推诿	
	参与情况	是否制订工作计划，是否参与内业计算，是否编写工作报告、工作总结等	10%	10 分：全部参与； 5 分：部分参与； 0 分：不参与	

评价内容及分值				得分
评价指标	评价要素		分值	评价指标分值	
学生评价方面（10%）	自评情况	是否按照"工作过程评价学生自评表"严肃认真、客观地对待自评	5%	5分：认真、客观； 2分：评价不客观； 0分：不认真对待	
	互评情况	是否按照"工作过程评价组内成员互评表"严肃认真地对待互评	5%	5分：认真、客观； 2分：评价不客观； 0分：不认真对待	
评价结果					
其他情况					
说明	因学生缺勤没有参与此项学习与工作，评价结果直接按 0 分记； 评价项目中没有的其他情况参考评价指标酌情考虑进行评价				

准，比如全站仪的对中整平、水平角一个测回的观测和计算、四等水准测量一个测站的观测和计算、已知高程点的测设等，把类似于这样的单项工作设计为考核项目。操作考核时间可以根据课程开展情况灵活掌握，可以在每完成一个工作任务就可以进行任务中必须会的单项工作技能的考核，也可以在其他的空余时间来进行。老师根据考核标准和时间要求，学生现场操作，根据学生完成情况给出考核成绩，这样可以直接掌握学生的真实技术水平，也可以锻炼学生的心理素质和实际操作技能。

在评价过程中，每个任务的过程性评价与考核都是百分制，先按照评价指标进行客观地评分，然后按照过程性评价占总成绩权重的 60%（其中学生自评 15%、学生互评 15%、教师评价 30%）核算成绩，再根据结果性考核占总成绩权重的 40%（其中口试 10%、笔试 15%、操作考核 15%），最终核算出总成绩，如表 3-6 所示。

表 3-5　学生出勤情况记录表

序号	学号	姓名	出勤情况											
	备注													

表 3-6　学生成绩统计表

序号	学号	姓名	过程性评价(60%)			结果性考核(40%)			总成绩(100%)
			自评(15%)	互评(15%)	教师评价(30%)	口试(10%)	笔试(15%)	操作考核(15%)	

第四章 建筑工程测量工作
任务指导书设计

工程测量技能是土木工程类的毕业生必须具备的基本技能,工学结合、理实一体的任务驱动教学法以真实工作过程和岗位需求为载体,将教学过程细化为理论知识讲解——室内演练教学——室外实训教学——巩固理论知识——掌握实践技能五步连接的课程教学过程。这样的教学过程能培养学生理论结合实践的能力,能培养学生较强的动手能力、解决问题的能力和完成综合任务的能力,严谨、有步骤的教学有助于提高学生的职业素养,为其可持续发展奠定良好的基础。

"工学结合、理实一体"的任务驱动教学法是结合课程教学的知识目标、能力目标、素质目标要求,归纳整合教学资源,以真实工作过程和岗位需求为载体,实施"工学结合、理实一体"的任务驱动教学法,建筑工程测量工作任务指导书的设计是根据建筑工程技术专业人才培养方案中培养目标和培养规格,紧密结合专业岗位生产实践需求,将建筑工程测量课程依据对应的学习任务设计内容设计为16项工作任务,理清各项工作任务中的理论知识点与实践技能点,理清各项工作任务之间的关系及顺序进行"工学结合、理实一体"的任务驱动教学,从而为具备进行建筑工程各项综合测量能力奠定坚实的基础,达到理论知识与实践技能的双重掌握。

建筑工程测量课程是一门专业基础课,主要是培养学生从事工程建设等方面的测量与测绘技能。根据行业企业发展需要和完成职业岗位实际工作任务所需要的知识、能力、素质要求,本课程采用以工学结合的人才培养模式为指导,坚持高等职业教育人才培养的基本要求即以技能培养为中心,以职业能力培养为重点,以实现"做中学、做中教"和"毕业即就业、就业即上岗"的教学目标。坚持面向建设行业第一线,充分结合社会行业和企业需求,以工程测量工作任务实施为导向,以学生为主体、以教师为主导、以任务为载体、以实训为手段,来设计建筑工程测量工作任务指导书。将工程测量的真实性工作归纳成若干个典型工作项目,再将每个项目设计成一个个具体的工作任务,把所要学习的知识点和技能点紧密融入到工作任务中,在教学过程中,采用任务驱动法教学,通过工程测量典型工作任务的展开,使学生成为主体,积极思考,理论知识依据工作任务所需进行解构,再依各工作过程重构,在实践的环境中进行理论知识讲解,使理论和实践真正的结合在一起,做到了"理实一体化",学生通过工作任务的完成,来系统掌握所学的基本知识,培养了学生的实际操作技能及自主学习、分析问题和解决问题的能力,通过组织实施及完成工作任务,提高了学生的学习兴趣,同时培养了学生的职业能力和职业素养。

工作任务一 全站仪导线测量

一、技能目标

掌握导线的布设方法及应用全站仪进行导线测量的方法。

二、任务内容

(1)导线外业实施方法。
(2)导线内业计算方法。
(3)控制测量成果提交。

三、实训条件

(1)在室外较开阔场地选若干个点。
(2)准备好相关的参考资料、已知数据和记录计算表格。

四、仪器设备

光电测距导线:每小组配备全站仪(2″级)1套,棱镜、对中杆、对中杆支架各1根,记录板1个。

五、实训步骤

(一)导线的布设

现场选点应注意如下事项:
(1)导线点间应互相通视,以便测角和测边。
(2)应选在土质坚实处,以便于保存标志和安置仪器。
(3)开阔,便于测绘周围的地物和地貌。
(4)点数量要足够,密度要均匀,以便控制整个测区。
(5)边长最好大致相等,尽量避免过短过长。平均边长如表4-1所示。

表 4-1　导线测量的主要技术要求

等级	导线长度（km）	平均边长（km）	测角中误差（″）	测距中误差（mm）	测距相对中误差	测回数			方位角闭合差（″）	导线全长相对闭合差
						1″级仪器	2″级仪器	6″级仪器		
三等	14	3	1.8	20	1/150 000	6	10	—	$3.6\sqrt{n}$	1/55 000
四等	9	1.5	2.5	18	1/80 000	4	6	—	$5\sqrt{n}$	1/35 000
一级	4	0.5	5	15	1/30 000	—	2	4	$10\sqrt{n}$	1/15 000
二级	2.4	0.25	8	15	1/14 000	—	1	3	$16\sqrt{n}$	1/10 000
三级	1.2	0.1	12	15	1/7 000	—	1	2	$24\sqrt{n}$	1/5 000
图根	1 m	不大于测图视距的1.5倍	20	—	1/3 000	—	1	1	$40\sqrt{n}$	1/2 000

注:1. 表中 n 为测站数。

2. 当测区测图的最大比例尺为 1:1 000 时,一、二、三级导线的平均边长及总长度可适当放长,但最大长度不应大于表中规定长度的 2 倍。

(二)全站仪的安置

1. 安置

在已知的导线点上架设三脚架,高度适中,架头大致水平,用连接螺旋将仪器固定在三脚架上。

2. 对中

打开三脚架,使架头大致水平,大致对中,安放仪器,拧紧中心螺旋。转动光学对点器目镜调焦螺旋,使对点器分划板清晰,调节对点器的镜管,使地面标志点影像清晰。移动脚螺旋,使地面标志点对准对点器分划板中心,再利用伸缩三角架架腿概略整平,使圆水准器气泡居中,如有激光对点器,也可以选用激光对点器进行对中。

3. 整平

任选一对脚螺旋,在其连线的方向上调整这两个脚螺旋,使圆水准器气泡居于连线方向的中间,再转动另一脚螺旋,使气泡居于圆水准器的中央,这项操作反复进行两三次,直到仪器转到任何方向时气泡都处在居中位置。

4. 瞄准

先调节目镜调焦螺旋,使十字丝清晰。转动仪器,用准星和照门瞄准目标,拧紧制动螺旋。转动物镜调焦螺旋,看清目标,调整水平微动螺旋,使目标成像在十字丝交点处。

5.记录与计算

观测者读取读数时,记录员复诵记入表中相应栏内,测完后进行测站校核计算,保证每一测站的差值都在误差的允许范围内,否则应重测。

(三)全站仪的操作

全站仪安置于已知点 O 上,相邻目标点 A、B 上安置棱镜,如图 4-1 所示。

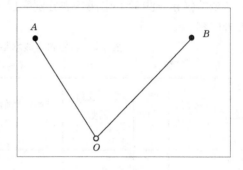

图 4-1　水平角观测示意图

1.开机自检

打开电源,进入仪器自检(有的全站仪需要纵转望远镜一周,进行竖直度盘初始化,即使竖直度盘指标自动归于零位)。

2.输入参数

包括棱镜常数、气象参数(温度、气压)等。

3.选定模式

包括角度测量模式和距离测量模式。

4.角度测量

按角度测量键[ANG],进入角度测量模式:

(1)照准后视目标 A,将其方向值置零,在测角模式下按[置零]键,使水平度盘设置为 $0°00'00''$;

(2)按测回法测角的方法完成上下半测回的观测、记录及计算。

5.距离测量

按距离测量键,进入距离测量模式(按[模式]键可对测距模式:单次测量/连续测量/跟踪测量进行转换),即可测得测站点到目标点的水平距离。

六、技术要求

导线测量的主要技术要求见表 4-1。

七、注意事项

(1)在记录前,先要弄清记录表格的填写顺序与方法,记录要复诵。

(2)转动各螺旋要稳、轻、慢,用力要轻巧、均匀。

（3）瞄准目标时，要瞄准明显部位。

（4）全站仪测角时要从盘左开始应用测回法测角，测距前要进行温度、气压、棱镜常数的设置。

八、任务报告

全站仪导线测量工作任务需分别完成表4-2～表4-5的记录、计算及测量报告内容。

表4-2　全站仪导线水平角观测记录表

日期：　　班级：　　　　　小组：　　观测：　　　记录：　　　　计算：

测站	竖盘位置	目标	水平度盘读数（° ′ ″）	半测回角值（° ′ ″）	一测回角值（° ′ ″）	各测回平均角值（° ′ ″）	备注

表 4-3　全站仪导线距离测量记录表

日期：　　班级：　　　　小组：　　　　观测：　　　　记录：　　　　计算：

测站	目标	竖盘位置	平距读数	平均读数	备注

表 4-4　全站仪导线坐标计算表

日期：　　班级：　　　　　小组：　　　　观测：　　　记录：　　　　　　计算：

点号	观测角 左角 (° ′ ″)	改正后 的角值 (° ′ ″)	坐标 方位角 (° ′ ″)	边长 （m）	坐标增量 计算（m）		改正后的 坐标增量（m）		坐标值	
					Δx	Δy	Δx	Δy	x	y
1	2	3	4	5	6	7	8	9	10	11
Σ										
辅 助 计 算										

表 4-5 全站仪导线测量报告

日期：　　班级：　　　　小组：　　　观测：　　　记录：　　　计算：

工作任务		成绩	
工作技能目标			
主要仪器及工具			
全站仪导线测量示意图			
工作任务总结			
工作任务评阅			

工作任务二 全站仪坐标测量

一、技能目标

认识全站仪,能够应用全站仪的数据采集功能进行对应点位坐标数据的测量。

二、任务内容

先要求会进行全站仪的基本操作,熟悉全站仪数据采集的操作思路,然后进行操作练习,会进行点位坐标的测量。

三、实训条件

(1)选好实训场地,定好测量点。

(2)准备好相关的参考资料、已知数据和记录计算表格。

四、仪器设备

以小组为单位领取全站仪1台、棱镜2套(分别配合三脚架和对中杆使用)。

五、实训步骤

(1)在实训场地内选择两个已知点,一个点作为测站点,另一个点作为后视定向点。

(2)检查全站仪的棱镜常数、温度、气压的设置,进入数据采集模块。

(3)全站仪在测站点上进行对中整平,带基座的棱镜在定向点上对中整平,建立数据采集文件名,输入测站点的点号、坐标、高程及仪器高,输入定向点的点号、坐标及棱镜高,照准定向点并测量完成定向检查。

(4)定向检查完成并无错误后即可开始碎部数据的采集。

(5)各个待定点坐标数据采集完成后再照准定向点进行检查测量。

六、技术要求

全站仪测量待定点的坐标精度与全站仪的测角测距精度有关,要求操作全站仪时严格对中整平,待定点上用三角架安置带基座的棱镜时也要求严格对中整平。

七、注意事项

(1)进行数据采集前要进行棱镜常数、温度、气压的设置。

(2)要将全站仪设置为盘左位置进行定向、定向检查及数据采集。

(3)一测站数据采集技术后必须再回定向点进行检查。

八、任务报告

全站仪坐标测量任务需分别完成表4-6、表4-7的记录及测量报告内容。

表4-6 全站仪坐标测量记录表

仪器型号： 仪器高： 棱镜高：

测站点： $X =$ $Y =$ $H =$

定向点： $X =$ $Y =$

日期： 班级： 小组： 观测： 记录： 计算：

序号	觇点	坐标(m)			备注(点位、类型等)
		N(X)	E(Y)	Z(H)	
1					
2					
3					
4					
5					

表4-7 全站仪坐标测量报告

日期： 班级： 小组： 观测： 记录： 计算：

工作任务		成绩	
工作技能 目标			
主要仪器 及工具			
全站仪坐标 测量示意图			
工作任务 总结			
工作任务 评阅			

工作任务三　GNSS 坐标测量

一、技能目标

认识 GNSS RTK,会使用 GNSS RTK 进行点位坐标测量。

二、任务内容

(1)基准站和流动站设置。
(2)GNSS RTK 坐标测量。

三、实训条件

(1)室外较开阔场地。
(2)准备好相关的参考资料及已知数据。

四、仪器设备

每组借领 GNSS RTK 一台套,包括一台主机、一台流动站、一个三脚架、一个碳纤杆及手簿。

五、实训步骤

(一)基准站及移动站的设置
(1)在三脚架上安置基准站并设置基准站模式。
(2)在碳纤杆上安置移动站并设置移动站模式。

(二)RTK 操作流程
(1)新建工程。
(2)设置坐标系统。
(3)求转换参数。
(4)复核第三点坐标,检查精度。
(5)进行碎部测量。
(6)数据输出。

（三）GNSS RTK **操作具体细节**

1. **蓝牙对接**

点击右下角蓝牙图标,点击扫描设备,当扫描出设备串号时,点击串号前加号。这时会出现"串口服务",双击"串口服务",输出对应的com口,然后点击"ok"就可以了。

2. **开始作业**

（1）打开工程之星,点击配置—端口设置,把com口连到蓝牙的com口上。

（2）点击工程—新建工程—编辑工程名—确定,点击"编辑",编辑参数系统名—修改椭球系—修改中央子午线,点击"确定"。

（3）求转换参数:点击输入—求转换参数—增加—输入已知控制点坐标—确定,从坐标管理库选点(前提是先把要进行计算参数的控制点要采集上)。以此类推,直到把所有要参加计算参数的控制点都添加完毕时,点击保存—点击应用即可。

（4）一个工程只做一次参数,以后工作前只要做一个单点校正一下即可。

（5）单点校正:点击输入—校正向导—输入已知点坐标,把移动站立到已知点上,居中整平,点击"校正"即可。

（6）注意事项:电台的通道基准站和移动站有时会不同,会影响正常工作,点击配置—电台设置,把移动站的电台通道切到与基准站一致即可。

（7）数据传输:点击工程—文件导入导出,选择数据格式—选择测量文件—选择输出的成果文件,输入成果文件名,点击"导出"即可。

（8）成果文件输出:把手簿和电脑连接,点击"浏览",输出成果文件。

六、技术要求

GNSS RTK 测量点位坐标精度与仪器本身精度有关,点校正时要将移动站碳纤杆气泡严格居中时进行,校正后一定要看比例因子。

七、注意事项

（1）基准站尽量安置于周围地势空阔无遮挡地点,高度截止角应不得小于15°。

（2）开机过程严格按照操作规程进行;开机成功,各指示灯切换到正常显示状态。

八、任务报告

GNSS 坐标测量工作任务需完成表 4-8 的测量报告内容。

表 4-8　GNSS RTK 坐标测量报告

日期：　　班级：　　　　小组：　　　观测：　　　记录：　　　　计算：

工作任务		成绩	
工作技能 目标			
主要仪器 及工具			
GNSS RTK 坐标 测量示意图			
工作任务 总结			
工作任务 评阅			

工作任务四　普通水准测量

一、技能目标

（1）掌握普通水准测量的观测、记录、计算和检核的方法。

（2）熟悉闭合（或附合）水准路线的施测方法，闭合差的调整及待定点高程的计算。

二、任务内容

普通水准测量的外业观测、记录，以及内业高程计算处理。

三、实训条件

（1）以已知高程点 A 为起点，选一条闭合（或附合另一已知点 C）水准路线，以 4~6 个测站为宜，中间设一待定点 B。

（2）准备好相关的参考资料、已知数据和记录计算表格。

四、仪器设备

每小组配备水准仪 1 套（ DS_3 ）、水准尺 1 根、尺垫 1 个、记录板 1 个。

五、实训步骤

（1）在 A、B 两点之间选 2~4 个转点，安置仪器于 A 点与转点 1 中间，前、后视距大致相等。

（2）在 A 点上立水准尺，读取后视读数；再前视转点 1 读数，然后记入表格并计算高差。

（3）用同样的方法测量各测站，经过 B 点返回 A 点（或 C 点）。

（4）计算高差闭合差是否超限。

（5）若高差闭合差值在容许范围内，则进行调整，计算待定点的高程；否则，须重测。

六、技术要求

普通水准测量高差闭合差限差：

山地： $f_{h允} = \pm 12 \sqrt{n}$ （mm）（ n 为测站数）；

平地： $f_{h允} = \pm 40 \sqrt{L}$ （mm）（ L 为路线长度，以 km 为单位）。

七、注意事项

（1）已知点与待定点上不能用尺垫，土路上的转点必须用尺垫。仪器迁站时，前视尺垫不能移动。

（2）前、后视距大致相等，注意消除视差。

八、任务报告

普通水准测量工作任务需完成表4-9～表4-11的记录、计算及测量报告内容。

表4-9　水准路线测量记录表

日期：　　班级：　　　　小组：　　　观测：　　　记录：　　　计算：

测站	点号	水准尺读数（m）		高差（m）		备注
		后视读数	前视读数	+	−	

表 4-10　水准路线测量计算表

日期：　　班级：　　　　小组：　　　　观测：　　　记录：　　　　计算：

点号	测站数 n	实测高差 $h'(\mathrm{m})$	高差改正数 $v(\mathrm{m})$	改正后高差 $h(\mathrm{m})$	高程 $H(\mathrm{m})$	备注
1	2	3	4	5	6	7
Σ						

表 4-11 普通水准测量报告

日期：　　　班级：　　　　小组：　　　　观测：　　　　记录：　　　　计算：

工作任务		成绩	
实训技能 目标			
工作技能 目标			
水准测量 示意图			
工作任务 总结			
工作任务 评阅			

工作任务五 三、四等水准测量

一、技能目标

掌握三、四等水准测量的观测、记录、计算和检核的方法。

二、任务内容

应用光学水准仪进行三、四等水准测量,做好观测、记录、计算及对应检核工作。

三、实训条件

(1)准备好实训场地,最好地形有起伏的。

(2)准备好仪器及相关的参考资料及已知数据、记录计算表格。

四、仪器设备

以小组为单位领取水准仪1套、水准尺1对、尺垫2个、记录板1个。

五、实训步骤

(一)四等水准测量

视线长度不超过100 m。每一测站上,按下列顺序进行观测:

(1)后视水准尺的黑面,读下丝、上丝和中丝读数(1)、(2)、(3)。

(2)后视水准尺的红面,读中丝度数(4)。

(3)前视水准尺的黑面,读下丝、上丝和中丝读数(5)、(6)、(7)。

(4)前视水准尺的红面,读中丝度数(8)。

以上的观测顺序称为后—后—前—前,在后视和前视读数时,均先读黑面再读红面,读黑面时读三丝读数,读红面时只读中丝读数。括号内数字为读数顺序。记录和计算格式见表4-14及表4-15,有中括号内数字表示观测和计算的顺序,同时也说明有关数字在表格内应填写的位置。

(二)三等水准测量

视线长度不超过75 m。观测顺序应为后—前—前—后。即

(1)后视水准尺的黑面,读下丝、上丝和中丝读数。

(2)前视水准尺的黑面,读下丝、上丝和中丝读数。

(3)前视水准尺的红面,读中丝续数。

(4)后视水准尺的红面,读中丝续数。

(三)计算和检核

计算和检核的内容如下。

1. 视距计算

后视距离:(9) = (1) − (2);

前视距离:(10) = (5) − (6)。

前、后视距在表内均以 m 为单位,即(下丝 − 上丝)×100。

前、后视距差(11) = (9) − (10)。对于四等水准测量,前后视距差不得超过 5 m;对于三等水准测量,不得超过 3 m。

前、后视距累计差(12) = 本站的(11) + 上站的(12)。对于四等水准测量,前后视距累计差不得超过 10 m;对于三等水准测量,不得超过 6 m。

2. 同一水准尺红、黑面读数差的检核

同一水准尺红、黑面读数差为

$$(13) = (3) + k - (4)$$
$$(14) = (7) + k - (8)$$

其中 k 为水准尺红、黑面常数差,一对水准尺的常数差 k 分别为 4.687 和 4.787。对于四等水准测量,红、黑面读数较差不得超过 3 mm;对于三等水准测量,不得超过 2 mm。

3. 高差的计算和检核

按黑面读数和红面读数所得的高差分为

$$(15) = (3) - (7)$$
$$(16) = (4) - (8)$$

黑面和红面所得的高差之差(17)可按下式计算,并可用(13) − (14)来检查。式中 ±100 为两水准尺常数 k 之差。

$$(17) = (15) - (16) \pm 100 = (13) - (14)$$

对于四等水准测量 ,黑、红面高差之差不得超过 5 mm;对于三等水准测量,不得超过 3 mm。

4. 总的计算和检核

在手簿每页末或每一册段完成后,应做下列检核:

(1)视距的计算和检核

$$末站的(12) = \sum(9) - \sum(10)$$

$$总视距 = \sum(9) + \sum(10)$$

（2）高差的计算和检核

当测站数为偶数时

$$总高差 \qquad \sum(18) = 1/2\Big[\sum(15) + \sum(16)\Big]$$

当测站数为奇数时

$$总高差 \qquad \sum(18) = 1/2\Big[\sum(15) + \sum(16) \pm 100\Big]$$

六、技术要求

各级水准测量主要技术要求如表 4-12、表 4-13 所示。

表 4-12　水准测量主要技术要求

等级	每千米高差全中误差（mm）	路线长度（km）	水准仪的型号	水准尺	观测次数		往返较差、附合或环线闭合差	
					于已知点联测	附合路线或环线	平地（mm）	山地（mm）
二等	2	—	DS_1	因瓦	往返各一次	往返各一次	$4\sqrt{L}$	—
三等	6	≤50	DS_1	因瓦	往返各一次	往一次	$12\sqrt{L}$	$4\sqrt{n}$
			DS_3	双面		往返各一次		
四等	10	≤16	DS_3	双面	往返各一次	往一次	$20\sqrt{L}$	$6\sqrt{n}$
五等	15	—	DS_3	单面	往返各一次	往一次	$30\sqrt{L}$	—

表 4-13　水准观测的主要技术要求

等级	水准尺型号	视线长度（m）	前后视距差（m）	前后视距累计差（m）	视线离地面最低高度（m）	基、辅分划或黑、红面读数较差（mm）	基、辅分划或黑、红面所测高差较差（mm）
二等	DS_1	50	1	3	0.5	0.5	0.7
三等	DS_1	100	3	6	0.3	1.0	1.5
	DS_3	75				2.0	3.0
四等	DS_3	100	5	10	0.2	3.0	5.0
五等	DS_3	100	近似相等	—	—	—	—

七、注意事项

（1）按照观测顺序进行观测记录，记录时填写在正确位置。

（2）观测及计算检核要求做到站站清，如发现问题，应及时重测。

八、任务报告

四等水准测量报告需分别完成表 4-14 ～表 4-16 的记录、计算及测量报告内容。

表 4-14　四等水准测量记录表

日期：　　班级：　　　　小组：　　　观测：　　　记录：　　　计算：

测站编号	测点编号	后尺	下丝 上丝	前尺	下丝 上丝	方向及尺号	水准尺读数(m)		K+黑 $-$红 (m)	高差中数 (m)	备注
		后视距		前视距			黑面	红面			
		视距差		$\sum d$							
		(1)		(5)		后视	(3)	(4)	(13)		
		(2)		(6)		前视	(7)	(8)	(14)	(18)	
		(9)		(10)		后－前	(15)	(16)	(17)		
		(11)		(12)							
检核											

表 4-15　水准路线高差闭合差调整与高程计算表

日期：　　班级：　　　　小组：　　　　观测：　　　记录：　　　　计算：

点号	测站数 n	实测高差 $h'(\mathrm{m})$	高差改正数 $v(\mathrm{m})$	改正后高差 $h(\mathrm{m})$	高程 $H(\mathrm{m})$	备注
1	2	3	4	5	6	7
Σ						

表 4-16　四等水准测量报告

日期：　　班级：　　　　小组：　　　　观测：　　　记录：　　　　计算：

工作任务		成绩	
工作技能 目标			
主要仪器 及工具			
四等水准 测量示意图			
工作任务 总结			
工作任务 评阅			

工作任务六　二等水准测量

一、技能目标

掌握二等水准测量的观测、记录、计算和检核的方法。

二、任务内容

应用电子水准仪二等水准测量,完成外业观测记录及检核、内业计算及检核。

三、实训条件

(1)准备好实训场地,最好地形有起伏的。
(2)准备好仪器及相关的参考资料、已知数据资料。

四、仪器设备

(1)±0.7 mm 电子水准仪。
(2)配套的木质脚架 1 个、3 m 数码标尺 1 对、2 个撑杆及 2 个尺垫(3 kg)。
(3)50 m 测绳。

五、实训步骤

(一)观测方法
完成闭合或附合路线的观测、记录、计算和成果整理,提交合格成果。

如图 4-2 所示闭合水准路线,已知 A01 点高程,测算 B04 点、C01 点和 D03 点的高程,每测段要求偶数站观测,每测段奇数站观测顺序为后—前—前—后,偶数站观测顺序为前—后—后—前。

(二)上交成果
二等水准测量成果包括观测手簿、高程误差配赋表和高程点成果表。

(三)观测步骤
(1)从 A01 点出发,分测段用电子水准仪进行二等水准测量,并进行观

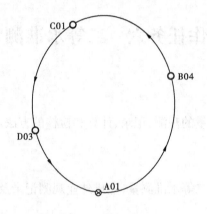

图 4-2　二等水准路线观测示意图

测、记录、计算。

（2）注意每测段观测站数必须为偶数站，每测站观测顺序为后—前—前—后；视线长度、前后视距差、前后视距累计差、视线高度必须符合二等水准测量技术要求，水准仪重复测量次数为 2 次，两次读数所得高差之差≤0.6 mm。

（3）用同样的方法测量各测段，经过 B04 点、C01 点和 D03 各点，最后闭合到 A01 点。

（4）计算高差闭合差是否超限。

$$Fh_允 \leqslant 4\sqrt{L} \quad （L 为路线长度，以 km 为单位）$$

（5）若高差闭合差值在容许范围内，则进行调整，计算待定点的高程；否则须重测。

六、技术要求

二等水准测量技术要求见表4-17。

表 4-17　二等水准测量技术要求

视线长度 （m）	前后 视距差 （m）	前后视距 累计差 （m）	视线高度 （m）	两次读数 所得高差 之差 （mm）	数字水准 仪重复 测量次数	测段、环线 闭合差
≥3 且≤50	≤1.5	≤6.0	≤2.80 且 ≥0.55	≤0.6	≥2 次	≤4 $\sqrt{L}$

七、注意事项

（1）记录及计算均必须使用"二等水准测量记录计算成果"本。记录及计算一律使用铅笔填写，记录完整。

（2）观测记录的数字与文字力求清晰，整洁，不得潦草；按测量顺序记录，不空栏；不空页、不撕页；不得转抄成果；不得涂改、就字改字；不得连环涂改；不得用橡皮擦，刀片刮。

（3）平差计算表可以用橡皮擦，但必须保持整洁，字迹清晰，不得划改。

（4）水准路线采用单程观测，每测站读两次高差，奇数站观测水准尺的顺序为后一前一前一后；偶数站观测水准尺的顺序为前一后一后一前。

（5）同一标尺两次读数不设限差，但两次读数所测高差之差应≤0.6 mm。

（6）观测记录的错误数字与文字应单横线正规划去，在其上方写上正确的数字与文字，并在"备注"栏注明原因："测错"或"记错"，计算错误不必注明原因。

（7）因测站观测误差超限，在本站检查发现后可立即重测，重测必须变换仪器高。若迁站后才发现，应退回到本测段的起点重测。

（8）无论何种原因使尺垫移动或翻动，应退回到本测段的起点重测。

（9）超限成果应当正规划去，超限重测的应在"备注"栏注明"超限"。

（10）水准路线各测段的测站数必须为偶数。

（11）每测站的记录和计算全部完成后方可迁站。

八、任务报告

二等水准测量工作任务需分别完成表 4-18 ~ 表 4-20 的记录、计算及测量报告内容。

表 4-18　二等水准测量记录表

日期：　　　班级：　　　小组：　　　观测：　　　记录：　　　计算：

测站编号	后距 视距差	前距 累计 视距差	方向及尺号	标尺读数		两次读数之差	备注
				第一次读数	第二次读数		
			后				
			前				
			后－前				
			h				
			后				
			前				
			后－前				
			h				
			后				
			前				
			后－前				
			h				
			后				
			前				
			后－前				
			h				
			后				
			前				
			后－前				
			h				
			后				
			前				
			后－前				
			h				

注：测段结束要空一栏。

表 4-19　二等水准测量高程误差配赋表

日期：　　　班级：　　　小组：　　　观测：　　　记录：　　　计算：

点名	测段编号	距离（m）	观测高差（m）	改正数（m）	改正后高差（m）	高程（m）
	1					
	2					
	3					
	4					
Σ						

$$W = \qquad\qquad\qquad W_允 = $$

注：高差取位到 0.000 01 m，高程取位到 0.001 m。

表 4-20　二等水准测量报告

日期：　　　班级：　　　小组：　　　观测：　　　记录：　　　计算：

工作任务		成绩	
工作技能目标			
主要仪器及工具			
二等水准测量示意图			
工作任务总结			
工作任务评阅			

工作任务七 三角高程测量

一、技能目标

能够清晰地描述全站仪三角高程测量的操作思路,并完成相应的操作和计算工作。

二、任务内容

熟悉全站仪三角高程测量的操作思路后对两个已知高程点进行全站仪三角高程测量。

三、实训条件

(1)准备好实训场地,最好地形有起伏的。
(2)准备好仪器及相关的参考资料。

四、仪器设备

以小组为单位领取全站仪 1 台、棱镜 1 套、小钢尺 1 把。

五、实训步骤

(1)在实训场地内布设两个相互通视且高差较大的点,如图 4-3 所示。

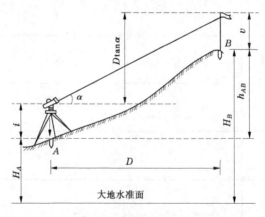

图 4-3 三角高程测量的原理

（2）分别量取仪器高和棱镜高，学生分组进行三角高程测量（对向观测）并计算高差平均值，即

$$h_{AB} = D\tan\alpha + i - v$$

$$H_B = H_A + D\tan\alpha + i - v$$

$$h_{中} = \frac{1}{2}(h_{AB} + h_{BA})$$

（3）比较分析已知高差与三角高程测量单向观测高差及已知高差与对向观测平均高差的差异。

六、技术要求

（1）电磁波测距三角高程测量的主要技术要求如表4-21所示。

表4-21　电磁波测距三角高程测量的主要技术要求

等级	每千米高差全中误差（mm）	边长（km）	观测方式	对向观测高差较差（mm）	附合或环形闭合差（mm）
四等	10	≤1	对向观测	$40\sqrt{D}$	$20\sqrt{\sum D}$
五等	15	≤1	对向观测	$60\sqrt{D}$	$30\sqrt{\sum D}$

注：D 为已知点到待测点的水平距离，以 km 为单位。

（2）电磁波测距三角高程观测的主要技术要求如表4-22所示。

表4-22　电磁波测距三角高程观测的主要技术要求

等级	竖直角观测				边长测量	
	仪器精度等级	测回数	指标差较差	测回较差	仪器精度等级	观测次数
四等	2″级仪器	3	≤7″	≤7″	10 mm 级仪器	往返各一次
五等	2″级仪器	2	≤10″	≤10″	10 mm 级仪器	往一次

七、注意事项

（1）注意仪器的标称精度是否满足要求。

（2）注意返测时是否重新设置了仪器的温度和气压值。

八、任务报告

三角高程测量工作任务需分别完成表 4-23 ～ 表 4-25 的记录、计算及测量报告内容。

表 4-23　竖直角观测手簿

日期：　　　班级：　　　小组：　　　观测：　　　记录：　　　计算：

测站	目标	盘位	竖直盘读数	半测回竖直角 (° ′ ″)	竖盘指标差 (″)	一测回竖直角 (° ′ ″)	备注
		左					
		右					
		左					
		右					
		左					
		右					
		左					
		右					

表 4-24 全站仪三角高程测量计算表

日期： 班级： 小组： 观测： 记录： 计算：

起算点	A			
待定点	B			
往返测	往	返	往	返
斜距 S				
竖直角 α				
$S\sin\alpha$				
仪器高 i				
觇标高 v				
两差改正 f				
单向高差 h				
往返平均高差 $\bar{h}$				

表 4-25 全站仪三角高程测量报告

日期： 班级： 小组： 观测： 记录： 计算：

工作任务		成绩	
工作技能目标			
主要仪器及工具			
全站仪三角高程测量示意图			
工作任务总结			
工作任务评阅			

工作任务八　GNSS 高程测量

一、技能目标

（1）了解大地高、正高、正常高、大地水准面差距、高程异常等基本概念及高程系统。

（2）能熟练操作 GNSS 接收机和工作手簿，应用 GNSS RTK 测量技术进行点的高程测量。

二、任务内容

（1）基准站和流动站设置。

（2）GNSS RTK 高程测量。

三、实训条件

（1）室外较开阔场地。

（2）准备好相关的参考资料及已知数据。

四、仪器设备

每组借领 GNSS RTK 一台套，包括一台主机、一台流动站、一个三脚架、一个碳纤杆及手簿。

五、实训步骤

（一）基准站及移动站的设置

（1）在三脚架上安置基准站并设置基准站模式。

（2）在碳纤杆上安置移动站并设置移动站模式。

（二）GNSS RTK 操作流程

（1）新建工程。

（2）设置坐标系统。

（3）求转换参数。

（4）复核第三点坐标及高程，检查精度。

（5）进行碎部测量。

（6）数据输出。

（三）GNSS RTK **操作具体细节**

1. 蓝牙对接

点击右下角蓝牙图标,点击扫描设备,当扫描出设备串号时,点击串号前加号。这时会出现"串口服务",双击"串口服务",输出对应的 com 口,然后点击"ok"就可以了。

2. 开始作业

（1）打开工程之星,点击配置—端口设置,把 com 口连到蓝牙的 com 口上。

（2）点击工程—新建工程—编辑工程名—确定,点击"编辑",编辑参数系统名—修改椭球系—修改中央中午线,点击"确定"。

（3）求转换参数:点击输入—求转换参数—增加—输入已知控制点坐标和高程—确定,从坐标管理库选点(前提是先把要进行计算参数的控制点采集上才有的选)。以此类推,直到把所有要参加计算参数的控制点都添加完毕时,点击保存—点击应用即可。

（4）一个工程只做一次参数,以后工作前只要做一个单点校正一下即可。

（5）单点校正:点击输入—校正向导—输入已知点坐标,把移动站立到已知点上,居中整平,点击"校正"即可。

（6）注意事项:电台的通道基准站和移动站有时会不同,会影响正常工作,点击配置—电台设置,把移动站的电台通道切到基准站一致即可。

（7）数据传输:点击工程—文件导入导出,选择数据格式—选择测量文件—选择输出的成果文件,输入成果文件名,点击"导出"即可。

（8）成果文件输出:把手簿和电脑连接,点击"浏览",输出成果文件。

六、技术要求

GNSS RTK 测量点位坐标精度与仪器本身精度有关,点校正时要将移动站碳纤杆气泡严格居中时进行,校正后一定要看比例因子。

七、注意事项

（1）基准站尽量安置于周围地势空阔无遮挡地点,高度截止角应不得小于 15°。

（2）开机过程严格按照操作规程进行;开机成功,各指示灯切换到正常显示状态。

八、任务报告

GNSS 高程测量需完成表 4-26 的测量报告内容。

表 4-26　GNSS 高程测量报告

日期:　　　班级:　　　小组:　　　观测:　　　记录:　　　计算:

工作任务		成绩	
工作技能 目标			
主要仪器及 工具			
GNSS RTK 高程测量示意图			
工作任务总结			
工作任务评阅			

工作任务九　施工场地平整

第一部分　数字测图

一、技能目标

了解数字测图的作业过程及方法,掌握应用全站仪在一个测站上进行数据采集的方法,应用绘图软件绘制地形图的基本步骤及方法。

二、任务内容

要求每组在指导教师的带领下应用全站仪测绘本组测区内 2×2 格的 1：500大比例尺地形图，由指导教师指导应用相应的绘图软件绘制地形图。

三、实训条件

(1)每组全站仪一台，对讲机 $2 \sim 3$ 台，单杆棱镜 $1 \sim 2$ 个，皮尺 1 把，绘草图本 1 个，电脑一台(安装有 CASS9.2 或 CITOMAP 绘图软件)。

(2)每组有 100 m × 100 m 范围的测区(各组间的场地可搭接或部分重合)，作为采集地物地貌数据的实训场地。

四、仪器设备

要求全站仪测角精度 $\pm 5''$，测距精度 $\pm (5 + 5ppmD)$ 即可，棱镜按型号要输入正确的棱镜常数，皮尺全长 30 m 或 50 m。

五、实训步骤

(一)图根控制测量

(1)各组利用本组控制测量时使用的控制点作为图根控制点。

(2)图根控制点的平面坐标及高程已在导线测量计算成果及四等水准测量计算成果中求得，在地形图测绘时可直接使用。

(3)图根控制测量注意事项：如图根点密度不够，可以应用全站仪采用极坐标法或交会法加密图根平面控制点，图根点的高程应采用图根水准测量或应用全站仪进行三角高程测量。

(二)应用全站仪进行地物地貌数据采集

(1)全站仪安置于一个图根控制点上，进入数据采集模式，输入测站点及后视点建立测站后，再测量后视点坐标进行测站检核。然后采集本组测区范围内的地物地貌数据，将数据存储在建立好的测量数据文件名中。

(2)全站仪数据采集的同时，草图员需绘制草图及记录对应点号。

(3)数据采集注意事项如下：

①注意盘左定向及盘左进行坐标数据采集，全站仪坐标显示设置方式为 X、Y、Z。

②应用全站仪进行数字测图时测站点的坐标、后视点的坐标及碎部点的坐标都保存到同一个测量坐标数据文件中，这样建站时就可利用调用点号的

方法更快、更方便些。同时,可在存储管理模式中查找任意一个碎部点测量坐标数据。

③一个测站进行数据采集时一般是先采集地物特征点,再采集地貌特征点。草图员绘制草图时需及时与仪器观测者核对点号,将地物点点号标注在草图上,地貌点点号记录清楚。

④在一个测站上采集数据的过程中如不小心触碰到仪器,应重新定向检查后视;一个测站彻底完成了数据采集准备搬站前,也应回到起始定向点检查,确定无误后再搬站。

(三)数据传输

(1)用全站仪的数据传输线将全站仪与计算机连接好。

(2)应用全站仪数据通信模式中的发送数据将全站仪中的测量坐标数据发送到计算机中并做好保存。

(3)数据传输注意事项如下:

①应仔细检查数据线与全站仪及计算机相应端口的连接。

②数据传输可以应用绘图软件中的数据通信菜单进行,也可以应用相应全站仪的数据通信软件进行传输。

③全站仪中的数据通信参数的设置内容有协议、波特率、字符/校验、停止位。计算机中先要选对仪器型号,保证联机状态,然后进行通信端口、波特率、校验、数据位、停止位的设置。

④以上各项设置正确后,全站仪中的测量坐标数据即可发送到计算机中,如数据格式与绘图软件要求的数据格式不符,可通过 Word 或 Excel 等进行格式转换。

(四)应用绘图软件生成地形图

可选用南方 CASS 软件或威远图 CITOMAP 数字成图软件,步骤如下:

(1)设置绘图比例尺,展野外测点点号。

(2)应仔细参照外业草图绘制地物平面图。

(3)展绘高程点,如地面高程起伏较大,需绘制等高线。等高线的绘制步骤如下:

①应用全站仪采集的地貌特征点建立数字地面模型。

②通过修改三角网对数字地面模型进行修改。

③根据等高距及一定的拟合方式绘制等高线。

④进行等高线的修饰(如线上高程注记、等高线遇地物断开等)。

(4)图形整饰,若面积较大需分幅,则进行分幅工作后填加图廓图名。

（5）地形图绘制注意事项：绘制地形图时应仔细参照外业草图及图式规范。

六、技术要求

（1）地形图符号应按现行国家标准《国家基本比例尺地图图式　第1部分：1∶500、1∶1 000、1∶2 000 地形图图式》（GB/T 20257.1—2017）。

（2）测图规范要按照中华人民共和国行业标准《城市测量规范》（CJJ/T 8—2011）城市地形测量部分执行。

七、注意事项

严格按照数字测图实训步骤中的每一步中的注意事项。

八、任务报告

数字测图工作任务需完成表4-27的任务报告内容。

表4-27　数字测图任务报告

日期：　　班级：　　　小组：　　观测：　　　记录：　　　计算：

工作任务		成绩	
工作技能 目标			
主要仪器及 工具			
地形草图			
工作任务总结			
工作任务评阅			

第二部分　场地平整

一、技能目标

能在地形图上应用方格网法进行施工场地平整设计和土方量计算。

二、任务内容

在已有的局部地形图上完成方格网所包围施工场地的平整设计和进行土方量计算。

三、实训条件

(1)每组一份带有等高线的地形图。

(2)以小组为单位在教室内由老师指导完成。

四、仪器设备

仪器设备主要有地形图、计算器、计算表格。

五、实训步骤

在表中先依据等高线内插各方格角点的高程,再按挖方和填方基本相等的原则,应用方格法(每方格的实地长、宽均为 10 m)进行场地平整设计(计算零点高程和各方格角点的挖深或填高),并计算各方格的挖方和填方及总的挖方量和填方量,具体步骤如下。

(一)确定图上网格交点的高程

在图上方格网(4 行×4 列计 16 个方格)所围成的场地内,根据等高线内插逐一确定每个方格角点的地面高程,标注于各方格交点的右上方。

(二)计算零点高程,图上插绘零线

令外围的角点权值为 0.25,四周边线上的边点权值为 0.50,边线拐角的拐点权值为 0.75,中间部分的中点权值为 1.00,用所有角点高程的加权平均值计算零点高程,即

$$零点高程 \qquad H_0 = \frac{\sum (P_i H_i)}{\sum P_i}$$

式中:H_i 为各角点的地面高程;P_i 为其相应的权值。

随后,在地形图上插绘出高程与零点相同的等高线(零线),即挖、填土方的分界线。

(三)计算网格交点的挖深和填高

将每个方格四个角点的原有高程减去零点高程,即得该角点的挖深(差值为正)或填高(差值为负),注于图上相应角点的右下方,单位为 m。

(四)计算土方量

将每个方格左上、右上、左下、右下四个角点的挖深或填高,依方格编号填入表 4-28 中对应栏中,再计算各方格的平均挖深、下挖的实地面积与平均填高、上填的实地面积,则各方格的挖方 = 下挖面积 × 平均挖深,填方 = 上填面积 × 平均填高,即得该方格的挖力量或填方量。分别取所有方格的挖方量之和、填方量之和,为全场的总挖方与总填方,汇总即得场地平整的总土方量,所有计算在表内完成。

表 4-28　方格网法场地平整设计与土方计算

零点高程计算	图上零线内插		
设权值 P_i: 角点 0.25 边点 0.50 拐点 0.75 中点 1.00 零点高程 $$H_0 = \frac{\sum (P_i H_i)}{\sum P_i}$$			

方格号	各点挖深(+)或 填高(-)(m)				挖方 (m³)			填方 (m³)			总方量 (m³)
	左上	右上	左下	右下	均深	面积	方量	均高	面积	方量	
	(1)	(2)	(3)	(4)	(5)	(6)	(7)	(8)	(9)	(10)	(11)
1											
2											
3											

方格号	各点挖深(+)或填高(–)(m)				挖方（m³）			填方（m³）			总方量（m³）
	左上	右上	左下	右下	均深	面积	方量	均高	面积	方量	
4											
5											
6											
7											
8											
9											
10											
11											
12											
13											
14											
15											
16											
合计											

六、技术要求

（1）注意零点高程的计算方法及插绘方法。

（2）正确进行每格填挖方量的计算及汇总统计。

七、注意事项

（1）表4-28中计算部分的（1）~（4）栏分别填每个方格四个角点的挖深或填高，而并非角点的地面高程。

（2）计算每个方格的平均挖深、下挖面积或平均填高、上填面积时有以下三种情况：

第一种，无零线通过的全挖方格，平均挖深就等于四个角点挖深的平均

值,下挖面积就等于方格的实地面积;

第二种,无零线通过的全填方格,平均填高就等于四个角点填高的平均值,上填面积就等于方格的实地面积;

第三种,有零线通过的方格,应将该方格分成下挖和上填两部分,分别计算其平均挖深、下挖面积和平均填高、上填面积,而在计算平均挖深和平均填高时应将零线与方格边线的交点视为两个"零点"(其挖深和填高均为0的点)加以考虑。

(3)每个方格内下挖和上填两部分的面积,若精度要求较高,则应对两部分分别进行面积量算,若精度要求较低,则可直接在图上估计两部分各占方格面积之比,再根据方格的实地面积按二者之比分别得出下挖和上填的实地面积。

(4)第一种方格仅计算挖方((5)~(7)栏),第二种方格仅计算填方((8)~(10)栏),第三种方格既有挖方也有填方,应分别计算((5)~(10)栏)。

场地平整工作任务需完成表4-28的计算及表4-29的任务报告内容。

表4-29　场地平整任务报告

日期:　　　班级:　　　　小组:　　　观测:　　　记录:　　　计算:

工作任务		成绩	
工作技能 目标			
主要仪器及 工具			
地形图上计算土 方量及计算过程			
工作任务总结			
工作任务评阅			

工作任务十　建筑施工控制测量

一、技能目标

掌握建筑方格网的测设方法。

二、任务内容

经纬仪配合钢尺测定方格网每个交点的坐标(可使用假定坐标),本实训任务要求以小组为单位集体完成,每组在实训场地上建立并测量边长为50 m的正方形施工控制网。

(1)准备:由指导老师讲解建筑方格网的测设方法。

(2)实施:主轴线测设,分部方格网测设,分部方格网加密,测设各个方格网高程,计算方格网坐标。

(3)成果提交:操作过程中每组填写对应的"观测记录",每小组提交建筑方格网测设成果表一张。

三、实训条件

较平坦的实训场地。

四、仪器设备

J6 光学经纬仪 1 台,30 m 钢卷尺 1 把,木桩 30 ~ 40 个。

五、实训步骤

(一)主轴线测设

学生分组布设主轴线。主轴线的位置应位于场地中央,如图 4-4 所示,以 AB 为横轴,CD 为纵轴。方格网轴线与假定建筑物轴线之间建立平行或垂直的关系(教师给出一个假定方位为建筑物轴线)。

使用经纬仪与钢尺放样方格网各轴线,轴线长度应大于方格网边长,在交点处打桩,在桩顶用铅笔画线定点,为检查桩位的精度提供依据。假定中心点坐标为 $O(200,100)$。

(二)分部网格网测设

在主轴线 A 和 C 上安置仪器,各自照准主轴线另一端 B 和 D,如图 4-4 所

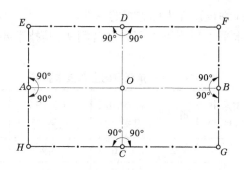

图 4-4　建筑方格网的布设

示。分别向左和向右测设 90°角,两方向的交点为 E 的位置,并进行交角的检测和调整。

用同样的方法可交会出方格网点 F、G 和 H。

(三)用直线内分点法加密方格网

量取四角点 E、F、G、H 到已知点 A、B、C、D 的水平距离,以 10 m 为单位将方格网进行加密。

根据中心点坐标计算各方格点坐标。

六、技术要求

根据《工程测量规范》(GB 50026—2007)中的施工测量要求,建筑方格网的建立应符合下列规定:

(1)建筑方格网测量的主要技术要求应符合表 4-30 的规定。

表 4-30　建筑方格网测量的主要技术要求

等级	边长(m)	测角中误差(″)	边长相对中误差
一级	100～300	5	≤1/30 000
二级	100～300	8	≤1/20 000

(2)方格网点的布设,应与建(构)筑物的设计轴线平行,并构成正方形或矩形格网。

(3)方格网的测设方法,可采用布网法或轴线法。当采用布网法时,宜增测方格网的对角线;当采用轴线法时,长轴线的定位点不得少于 3 个,点位偏离直线应在 180° ±5″以内,格网直角偏差应在 90° ±5″以内,轴线交角的测角中误差不应大于 2.5″。

（4）方格网点应埋设顶面为标志板的标石。

（5）方格网的水平角观测可采用方向观测法，其技术要求应符合表4-31的规定。

表4-31　水平角观测的主要技术要求

等级	仪器型号	测角中误差（"）	测回数	半测回归零差（"）	一测回内2C互差（"）	各测回方向较差（"）
一级	1"级	5	2	≤6	≤9	≤6
	2"级	5	3	≤8	≤13	≤9
二级	2"级	8	2	≤12	≤18	≤12
	6"级	8	4	≤18	—	≤24

（6）方格网的边长宜采用电磁波测距仪器往返观测各一测回，并应进行气象和仪器加、乘常数改正。

七、注意事项

（1）方格网的测设关键在于轴线间垂直关系的把握，建筑方格网的精度高低与垂直度的好坏密不可分。

（2）打桩定点时一定要垂直打入坚实土地，以便检查作业过程中有无破坏。打桩员要配合观测员，注意观察观测员的手势。

（3）根据量取结果在已知轴线上使用钢尺进行方格点加密，量距时注意尺面应水平。

（4）确定点位，打桩定点；打桩要格外细致，由于交会点较多，要避免互相干扰。

八、任务报告

建筑施工控制测量工作任务需分别完成表4-32～表4-34的记录、计算和测量报告内容。

表4-32 方格网角度检查记录表

日期: 　　班级: 　　小组: 　　观测: 　　记录: 　　计算:

角度名称	测量角度与90°之差	角度名称	测量角度与90°之差

方格网示意图

表4-33 方格网距离检查记录表

日期: 　　班级: 　　小组: 　　观测: 　　记录: 　　计算:

距离名称	测量距离	理论距离	测设误差	距离名称	测量距离	理论距离	测设误差

方格网示意图

表 4-34 建筑方格网测设报告

日期：　　　班级：　　　小组：　　　观测：　　　记录：　　　计算：

工作任务		成绩	
工作技能 目标			
主要仪器及 工具			
测设后 建筑 方格网 示意图			
工作任务总结			
工作任务评阅			

工作任务十一　建筑物定位放线与 ±0 标高测设

第一部分　建筑物定位放线

一、技能目标

练习用传统方法测设水平角、水平距离，以确定点位。

二、任务内容

根据已知的方向线，测设建筑物点的平面位置，掌握平面建筑物的测设。

三、实训条件

较平坦的实训场地。

四、仪器设备

（1）由仪器室借领：J6 级光学经纬仪一套、DS3 水准仪 1 套，钢尺 1 把，水准尺 1 根，记录板 1 块，斧头 1 把，木桩、小钉、测钎各若干。

（2）自备：计算器、铅笔、刀片、草稿纸。

五、实训步骤

（一）布置场地

每组选择间距为 30 m 的 A、B 两点，在点位上打木桩，桩上钉小钉，以 A、B 两点的连线为测设角度的已知方向线。

（二）测设方法

如图 4-5 所示，先根据控制点 A、B 的坐标及 P 点的设计坐标按下式计算测设数据水平角 β 及水平距离 D_{AP}，即

$$\alpha_{AB} = \arctan \frac{y_B - y_A}{x_B - x_A}$$

$$\alpha_{AP} = \arctan \frac{y_P - y_A}{x_P - x_A}$$

$$\beta = \alpha_{AP} - \alpha_{AB}$$

$$D_{AP} = \frac{y_P - y_A}{\sin\alpha_{AP}} = \frac{x_P - x_A}{\cos\alpha_{AP}} = \sqrt{\Delta x_{AP}^2 + \Delta y_{AP}^2}$$

然后将经纬仪安置在 A 点,测设 β 角以定出 AP 方向,再沿该方向测设距离 D_{AP},即可定出 P 点在地面上的位置。用同样的方法定出建筑物其余各点,并做必要的检核。

（三）测设实例

（1）布置场地。每组选择间距为 30 m 的 A、B 两点,在点位上打木桩,桩上钉小钉,以 A、B 两点的连线为测设角度的已知方向线。

（2）本次实习的测设数据。假设控制边 AB 起点 A 的坐标为 $X_A = 56.56$ m,$Y_A = 70.65$ m,控制边 AB 的方位角为 $\alpha_{AB} = 90°$,已知建筑物轴线上点 C、D 的设计坐标为:$X_C = 71.56$ m,$Y_C = 70.65$ m;$X_D = 71.56$ m,$Y_D = 85.65$ m。

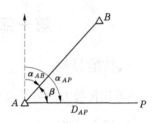

图 4-5　极坐标法

（3）计算 AC、AD 的距离。

$$D_{AC} = \sqrt{(x_A - x_C)^2 - (y_A - y_C)^2}, D_{AD} = \sqrt{(x_A - x_D)^2 - (y_A - y_D)^2}$$

（4）计算 AC、AD 的坐标方位角。

$$\alpha_{AC} = \arctan \frac{y_C - y_A}{x_C - x_A}, \alpha_{AD} = \arctan \frac{y_D - y_A}{x_D - x_A}$$

（5）计算 $\angle BAC$、$\angle BAD$。

$$\angle BAC = \alpha_{AC} - \alpha_{AB}, \angle BAD = \alpha_{AD} - \alpha_{AB}$$

（6）盘左置水平度盘为 $0°00'00''$,照准 B 点,然后转动照准部,使度盘读数为准确的 $\angle BAC$;在此视线方向上,以 A 点为起点用钢尺量取预定的水平距离 D_{AC},定出一点为 C_1;盘右同样测设水平角和水平距离,再定一点为 C_2;若 C_1、C_2 不重合,取其中点 C,并在点位上打木桩、钉小钉标出其位置,即为按规定角度和距离测设的点位。

（7）与步骤（6）同样的方法放出 D 点。

（8）以点位 C、D 为准,检核所测角度和距离,若与规定的角度和距离之差在限差内,则符合要求。

六、技术要求

根据《工程测量规范》（GB 50026—2007）中的施工测量要求,本任务按建筑物施工平面控制网的二级网要求测设。

（1）建筑物施工平面控制网分别布设一级或二级控制网。其主要技术要求应符合表 4-35 的规定。

表 4-35　建筑物施工平面控制网的主要技术要求

等级	边长相对中误差	测角中误差
一级	≤1/30 000	$7''/\sqrt{n}$
二级	≤1/15 000	$15''/\sqrt{n}$

注:n 为建筑物结构的跨数。

（2）水平角观测的测回数,应根据表 4-36 中测角中误差的大小选定。

表 4-36　水平角观测的测回数

仪器等级	测角中误差				
	2.5″	3.5″	4″	5″	10″
1″级	4	3	2	—	—
2″级	6	5	4	3	1
6″级	—	—	—	4	3

（3）钢尺量距时,一级网的边长应两测回测定;二级网的边长一测回测定。长度应进行温度、坡度和尺长改正。

七、注意事项

（1）测设完毕要进行检测,测设误差超限时应重测,并做好记录。

（2）实训结束后,每人上交建筑物平面位置测设记录表及报告表各一份。

八、任务报告

建筑物定位放线工作任务需分别完成表 4-37、表 4-38 的记录、计算及测设报告内容。

表 4-37　建筑物平面位置测设记录表

仪器型号:	日期:	班级:	观测:
工程名称:	天气:	组别:	记录:

点号	坐标 x	坐标 y	备注
A			$\alpha_{AB}=90°$
B			
C			
D			

放样数据

C 点放样距离		C 点放样角度	
D 点放样距离		D 点放样角度	
测设后经检查，点 C 与点 D 距离	测设后 C、D 距离	已知 C、D 距离	产生误差的原因

表 4-38　建筑物平面位置测设报告

日期：　　班级：　　小组：　　观测：　　记录：　　计算：

工作任务		成绩	
工作技能目标			
主要仪器及工具			
已知方向线及测设后建筑物平面示意图			
工作任务总结			
工作任务评阅			

第二部分 建筑物 ±0 标高的测设

一、技能目标

本次实训达到的目标是把图纸上设计的建(构)筑物的高程按设计和施工的要求测设到相应的地点,作为施工的依据。

二、任务内容

根据业主移交的水准基点在工程周围的建(构)筑物上以闭合环的方式测设出若干个 ±0 高程点。

三、实训条件

选择一个正在施工的工民建施工场地。

四、仪器设备

需领借的全部仪器设备及工具有 DS3 水准仪 1 台、水准尺 1 把、钢尺 1 把。

五、实训步骤

(1)由实训指导教师指定一个施工工地。

(2)将水准点引入施工现场控制点 A、B、C 共 3 点,建立 ±0 标高控制网。具体做法是因为 A、B、C 三点的设计高程为 0.000 m。

在 BM_3 点立水准尺,作为后视引测高程,设后视读数 $a = 1.556$,则水平视线高程 $H_{BM3} + a = 44.680 + 1.556 = 46.236(m)$;在 A 点立水准尺,作为前视,则 A 点的尺上读数应为 $b_{应} = H_{视} - H_{设} = 46.236 - 45.000 = 1.236(m)$,具体见图 4-6。在 A 点上立尺时标尺要紧贴建筑物墙、柱的侧面,水准仪瞄准标尺时要使其贴着建筑物墙、柱的侧面上下移动,当尺上读数正好等于 b 时,则沿尺底在建筑物墙、柱的侧面画横线,即为设计高程的位置。在设计高程位置和水准点立尺,再前后视观测,以做检核。然后在稳定的建筑物墙、柱的侧面用红漆绘成顶为水平线的"▼"形,即为 ±0 水准点的位置,其顶端表示 ±0 位置。同理可测设 B、C 两点。

六、技术要求

根据《工程测量规范》(GB 50026—2007)中的施工测量要求,本任务按高

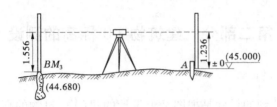

图 4-6　建筑物 ±0 标高的测设

程控制测量的建筑物施工放样进行。

建筑物高程控制,应符合下列规定:

(1)建筑物高程控制,应采用水准测量。附合路线闭合差,不应低于四等水准的要求。

(2)水准点可设置在平面控制网的标桩或外围的固定地物上,也可单独埋设。水准点的个数,不应少于 2 个。

(3)当场地高程控制点距离施工建筑物小于 200 m 时,可直接利用。

(4)当施工中高程控制点标桩不能保存时,应将其高程引测至稳固的建筑物或构筑物上,引测的精度,不应低于四等水准。

七、注意事项

(1)所有使用的测量仪器,专人保管。轻拿轻放,不得碰撞。

(2)测量的原始记录必须真实可靠,字迹清楚,不得随意涂抹更改。

(3)加强复核,保证精度。

八、任务报告

建筑物 ±0 标高测设工作任务需分别完成表4-39、表4-40 的记录、计算及测设报告内容。

表 4-39　点的高程测设记录表

仪器型号:	日期:	班级:	观测:
工程名称:	天气:	组别:	记录:

点号	高程	备注
已知水准点		
BM_1		
BM_2		
BM_3		
BM_4		
BM_5		

放样数据			
A 点上的前尺读数			
B 点上的前尺读数			
C 点上的前尺读数			
D 点上的前尺读数			
测设后经检查点 A、B、C、D 的高差	测设后各点高差	已知各点高差	产生误差的原因

表 4-40　建筑物 ±0 标高测设报告

日期：　　　班级：　　　小组：　　　观测：　　　记录：　　　计算：

工作任务		成绩	
工作技能目标			
主要仪器及工具			
±0 高程测设及标定的方法			
工作任务总结			
工作任务评阅			

工作任务十二　基础施工测量

一、技能目标

本次实训达到的目标是掌握基础施工测量的步骤和方法。

二、任务内容

选择一段条形基础,分别进行基础挖深标高控制及基底放线工作。

三、实训条件

选择一个正在施工的工民建施工场地。

四、仪器设备

需领借的全部仪器设备及工具有 DS3 水准仪 1 台,水准尺 1 把,经纬仪 1 台,水平桩若干、墨线。

五、实训步骤

由实训指导教师指定一个施工工地,选择一段条形基础,如图 4-7 所示假设室内地坪(±0.000)的设计标高为49.800 m,槽底设计标高为48.100 m,测设出比槽底设计标高高0.500 m 的水平桩,并做一部分槽底放线。

(一)水平桩的测设

一般民用建筑大多采用条形基础。当基槽开挖到一定深度时,在基槽壁上自拐角开始,每隔3～4 m,由龙门板上沿的 ±0.000 标高测设一比槽底设计标高高0.500 m 的水平桩,作为挖槽深度、找平槽底和垫层的标高依据。

如图 4-7 所示,室内地坪(±0.000)的设计标高为49.800 m,槽底设计标高为48.100 m,欲测设比槽底设计标高高0.500 m 的水平桩。其标高为48.100 +0.500 =48.600(m)。在槽边适当处安置水准仪,在龙门板上立水准尺,读得后视读数为0.774 m,则视线高为49.800 +0.774 =50.574(m)。求得水准尺立在水平桩上的前视读数为50.574 -48.600 =1.974(m)。

在槽内一侧立水准尺,上下移动,当水准仪读数为1.974 m 时,用一木桩水平地紧贴尺底钉入槽壁,即为所测的水平桩。同理,测设出其余各桩。水平桩测设的标高容许误差范围为 ±10 mm。

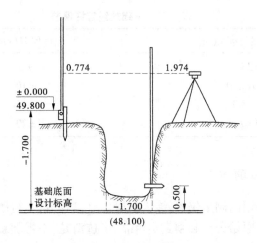

图 4-7　水平桩的测设

(二) 槽底放线

垫层打好后,用经纬仪或拉细线挂垂球,把龙门板或控制桩上的轴线投测到垫层上,如图 4-8 所示,用墨线弹出墙体中心线和基础边线(俗称撂底),以便砌筑基础。整个墙体形状及大小均以此线为准。它是确定建筑物位置的关键环节,必须严格校核。

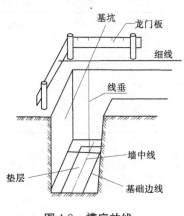

图 4-8　槽底放线

六、技术要求

基础放线容许误差见表 4-41。

表 4-41　基础放线容许误差

外廊主轴线长度 L(m)	允许偏差(mm)
$L \leqslant 30$	±5
$30 < L \leqslant 60$	±10
$60 < L \leqslant 90$	±15
$90 < L$	±20

七、注意事项

(1)所有使用的测量仪器,专人保管。轻拿轻放,不得碰撞。

(2)测量的原始记录必须真实可靠,字迹清楚,不得随意涂抹更改。

(3)加强复核,保证精度。

(4)进入施工场地要遵守纪律和注意安全。

八、任务报告

基础施工测量工作任务需完成表 4-42 的测量报告内容。

表 4-42　基础施工测量报告

日期:　　　班级:　　　小组:　　　观测:　　　记录:　　　计算:

工作任务		成绩	
工作技能 目标			
主要仪器及 工具			
水平桩高程的计算 步骤及测设方法; 槽底放线的步骤及 方法			

工作任务总结	
工作任务评阅	

工作任务十三　建筑物轴线投测与标高传递

一、技能目标

本次实训达到的目标是掌握建筑物轴线投测与标高传递的步骤和方法。

二、任务内容

选择一个正在施工的工民建施工场地,分别进行建筑物轴线投测与标高传递工作。

三、实训条件

选择一个正在施工的多层或高层工民建施工场地。

四、仪器设备

需领借的全部仪器设备及工具有激光垂准仪、经纬仪、钢尺、水准仪、水准尺、垂球。

五、实训程序

(一)多层民用建筑

1. 轴线投测

在砖墙体砌筑过程中,经常采用垂球检验纠正墙角(或轴线),使墙角(或轴线)在一铅垂线上,这样就把轴线逐层传递上去了。在框架结构施工中将较重垂球悬吊在楼板边缘,当垂球尖对准基础上定位轴线,垂球线在楼板边缘的位置即为楼层轴线端点位置,画一标志,同样投测该轴线的另一端点,两端的连线即为定位轴线。用同样的方法投测其他轴线,用钢尺校核各轴线间距,无误后方可进行施工。以此就可把轴线逐层自下而上传递。为了保证投测精度,每隔三四层用经纬仪把地面上的轴线投测到楼板上进行检核,如图4-9所示。

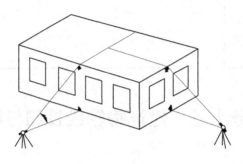

图4-9　轴线投测

2.标高传递

一般建筑物可用皮数杆传递标高,对于标高传递精度要求较高的建筑,采用钢尺直接从 +0.50 m 线向上丈量(见图4-10)。可选择结构外墙、边柱或楼梯间等处向上竖直丈量,每层至少丈量 3 处,以便检核。

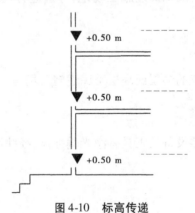

图4-10　标高传递

主体标高控制线全部采用 +50 mm 线,高程通过悬挂钢尺配合水准仪进行传递。

（1）由实训指导教师指定一个施工工地。选择一个 3 层以上的楼梯间作为实训主体。

（2）+50 高程的测设。首层墙体砌到 1.5 m 高后，用水准仪在内墙面上测设一条"+50"的水平线，用任一 ±0 点做后视，用测设 ±0 的方法在内墙上可以完成 +50 的测设。+50 可以作为首层地面施工及室内装修的标高依据。

（3）其他层 +50 测设和高程传递。以后每砌高一层，就从楼梯间用钢尺从下层的"+50"标高线向上量出层高，测出上一楼层的 +50 标高线。根据情况也可用吊钢尺法向上传递高程。过程是将钢尺零段向下悬挂在支架上，并在钢尺零段悬挂 10 kg 的重物使其静置如图 4-11 所示，在首层 +50 线上立水准尺并在其附近地坪处安置水准仪，分别读取钢尺上的读数 b_1 和水准尺上的读数 a_1。将水准仪安置在二楼，读取钢尺上的读数 a_2。计算出前视读数 $b_2 = H_E + a_1 - (b_1 - a_2) - H_F$。上、下移动测设点 B 处的水准尺，直到水准仪在尺上的读数恰好为 b_2 时在尺底画出标志线，此线即为二层的 +50 线位置。

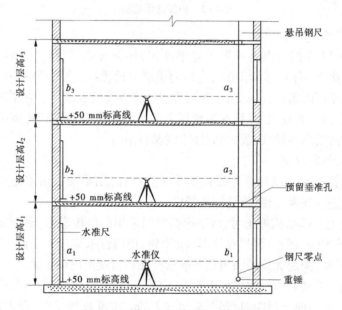

图 4-11　建筑物高程测量及高程传递

（二）高层建筑

1. 内控点设置

采用"内控法"，控制点设在 ±0.00 层楼面上，在楼面上做半永久性标志，作为控制点。随楼主体施工每增加一层，都在控制点上安激光垂直仪向上投测,控制点垂直方向各层楼板处留 100 mm×100 mm 方孔,使激光垂直仪的激光能通过孔洞射向各楼层,各楼层准确接收。每层楼定出 4 个基准点,如图 4-12 所示,用经纬仪测设出各轴线。

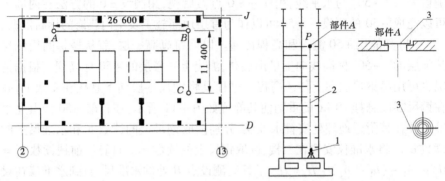

1—激光垂准仪；2—激光束；3—激光接收靶；A、B、C 为底层投测点

图 4-12 内控法示意图

2. 轴线竖向传递

如图 4-13 在控制点上安置激光垂准仪,仔细对中、严格整平后,启动电源,让激光向上(向下)射出,在需定位的楼层上设靶环,让靶环中心对准激光点,然后将靶环固定在楼板上,作为该楼层定位放线的基准点。在平面的 4 个投测点都进行如此投测之后,在该楼层上用经纬仪进行角度和距离的闭合检测,校核后测设出各轴线,放出墙、柱边线及控制线。

3. 竖向标高控制

(1)根据总平面图和业主提供的水准点高程,用水准仪由水准点向地下室施测,并进行往返观测,保证标高精度。

(2)地上主体结构施工时,楼层标高控制采用逐层传递法,从测量预留洞处垂直悬吊 50 m 钢卷尺,尺端挂 10 kg 重物,用两台水准仪上下同时读数,并标出控制标高,控制标高的引测点一般选择在容易观测的固定物上。

(3)向上施工的每一层,在钢筋上 +50 cm 或 +1.00 m 标高处作控制标高。从控制标高向上量距时,误差应 ≤ ±2 mm,水准仪抄平时,误差应 ≤ ±2 mm,两次累计误差应 < ±4 mm。

(4)在施工过程中,用水准仪来控制建筑物的钢筋、模板、混凝土的标高,当首层完成后,还要将高程传递到上层,需要钢尺、水准尺配合施测,每个流水作业段至少传递三点,以做相互检核用。

楼板预留垂准孔
30 cm×30 cm

铅垂线

激光垂准仪

底层投测点

图 4-13　轴线竖向传递示意图

六、技术要求

建筑物施工放样的允许偏差及高层建筑施工容许偏差分别见表 4-43、表 4-44。

表 4-43　建筑物施工放样的允许偏差

项目	内容		允许偏差（mm）
标高竖向传递	每层		±3
	总高 H(m)	$H \leqslant 30$	±5
		$30 < H \leqslant 60$	±10
		$60 < H \leqslant 90$	±15
		$90 < H \leqslant 120$	±20
		$120 < H \leqslant 150$	±25
		$150 < H$	±30

表 4-44　高层建筑施工容许偏差

结构类型	竖向偏差限值(mm)		高差偏差限值(mm)	
	每层	全高(H)	每层	全高(H)
现浇混凝土	8	H/1 000(最大30)	±10	±30
装配式框架	5	H/1 000(最大20)	±5	±30
大模板施工	5	H/1 000(最大30)	±10	±30
滑模施工	5	H/1 000(最大50)	±10	±30

七、注意事项

(1)所有使用的测量仪器,专人保管。轻拿轻放,不得碰撞。

(2)测量的原始记录必须真实可靠,字迹清楚,不得随意涂抹更改。

(3)加强复核,保证精度。

(4)进入施工场地要遵守纪律和注意安全。

(5)使用水准仪在钢尺上读数一定要注意毫米位的估读,仍然是读到毫米。

(6)高程引测受风力影响较大,宜在室内进行。

(7)支架安装高度要高于在楼梯间安置水准仪的水平视线。

(8)钢尺零端要低于在楼下地坪安置水准仪时的水平视线。

(9)高空作业时一定要注意人身和仪器安全。

八、任务报告

建筑物轴线投测与标高传递工作任务需完成表4-45的报告内容。

表 4-45　建筑物轴线投测与标高传递报告

日期:　　班级:　　小组:　　观测:　　记录:　　计算:

工作任务		成绩	
工作技能 目标			
主要仪器及 工具			

多层建筑轴线投测与标高传递的步骤及方法;高层建筑轴线投测与标高传递的步骤及方法	
工作任务总结	
工作任务评阅	

工作任务十四　竣工测量

一、技能目标

本次实训达到的目标是每小组根据教师安排对指定已建区域进行竣工测量,并绘制竣工总平面图,掌握竣工总平面图绘制的步骤和方法。

二、任务内容

选择一个已竣工的施工场地,进行竣工图的测绘,绘制竣工平面图。

三、实训条件

选择一个已竣工的施工场地。

四、仪器设备

要求全站仪测角精度：$\pm 5''$，测距精度 $\pm(5+5ppmD)$ 即可，棱镜按型号要输入正确的棱镜常数，皮尺全长 30 m 或 50 m。

五、实训程序

(1)选择竣工测量测区。
(2)按技术要求进行竣工图的测绘。
(3)进行竣工总平面图的编制。

六、技术要求

(1)图根控制点的密度。一般竣工测量图根控制点的密度要大于地形测量图根控制点的密度。
(2)碎部点的实测，可用全站仪进行详细地物及地貌的测绘。
(3)测量精度。竣工测量的测量精度要高于地形测量的测量精度。地形测量的测量精度要求满足图解精度，而竣工测量的测量精度一般要满足解析精度，应精确至厘米。
(4)测绘内容。竣工测量的内容比地形测量的内容更丰富。竣工测量不仅测地面的地物和地貌，还要测地下的各种隐蔽工程，如上、下水及热力管线等。

七、注意事项

(1)编制竣工总平面图时要全面反映竣工后的现状。
(2)竣工图要求能为以后建(构)筑物的管理、维修、扩建、改建及事故处理提供依据，为工程验收提供依据。

八、任务报告

建筑物竣工测量工作任务需完成表 4-46 的测量报告内容。

表 4-46 建筑物竣工测量报告

日期： 班级： 小组： 观测： 记录： 计算：

工作任务		成绩	
工作技能 目标			
主要仪器及 工具			
竣工测量的方法及 步骤、竣工图			
工作任务总结			
工作任务评阅			

工作任务十五　建筑物的沉降观测

一、技能目标

本次实训达到的目标是了解沉降观测前期水准基点的埋设要求及沉降观测点的埋设要求，掌握建筑物沉降观测的步骤和方法。

二、任务内容

选择一个正在进行沉降观测的建筑物，分别观察水准基点的位置及沉降观测点的位置，进行一次沉降观测。

三、实训条件

选择一个正在进行沉降观测的建筑物。

四、仪器设备

需领借的全部仪器设备及工具有电子水准仪及配套水准尺。

五、实训程序

(一)水准基点埋设要求

在场地周围埋设 3 个基准控制点，埋设要求如下：人工挖坑、现场浇灌混凝土，中间插放 φ20 或 φ25 钢筋，顶部处理成半圆状。回填土要夯实，地面砌筑保护井(埋设示意图如图 4-14 所示)。

(二)沉降观测点埋设要求

主体施工期间在建筑物外墙大角或间隔 15 ~ 20 m 植入 Φ18 圆钢(煨弯顶部处理成半球状)观测标志，具体尺寸如图 4-15 所示。

(三)沉降观测

观测采用美国 Trimble DiNi12 精密电子水准仪(±0.30 mm)和条码式水准尺。做到人员、仪器、路线三固定。

观测期间定期对水准基点按国家一等水准测量的技术要求进行联测。采用往返观测闭合路线，联测各水准基点。高差闭合差不超过 $\pm 0.3\sqrt{n}$ (mm)。每测站高差中误差不超过 0.13(mm)。并进行水准网稳定性检验。

沉降观测采用几何水准测量方法，按国家二等水准测量的技术要求施测。

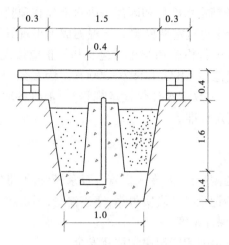

图 4-14　水准基点埋设　（单位:m）

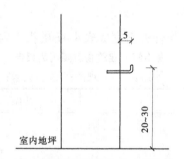

图 4-15　沉降观测点埋设　（单位:cm）

按附合线路,往返观测,其闭合差不超过 $\pm 0.6\sqrt{n}$(mm),每测站高差中误差不超过 2.00(mm)。

每次观测时按上述附合水准路线,每站观测尽量做到前后视距相等,高差闭合差合格后进行平差,计算出各点标高,减去上次标高,即可求得本次观测的沉降量。

六、技术要求

(1)每次观测后,若高差闭合差超限,当日进行重测,直到合格。

(2)每次观测结果,由观测人员计算、项目负责人签字,交由内业打印资料,总工程师审核无误,签字盖章后方可提交甲方。

(3)定期对各水准基点采用闭合线路进行联测,以保证各点的稳定。

（4）使用的电子精密水准仪和因瓦条码水准尺在项目开始前和结束后应进行检验,项目进行中也应定期检验。当观测成果出现异常经分析与仪器有关时,应及时对仪器进行检验和校正。检验和校正应按现行国家标准《国家一、二等水准测量规范》（GB/T 12897—2006）、《因瓦条码水准尺检定规程》（CH/T 8020—2009）、《数字水准仪检定规程》（CH/T 8019—2009）的规定执行,检验后应符合规定标准。

七、注意事项

（1）所有使用的测量仪器,专人保管。轻拿轻放,不得碰撞。
（2）测量的原始记录必须真实可靠,字迹清楚,不得随意涂抹更改。
（3）加强复核,保证精度。
（4）进入施工场地要遵守纪律和注意安全。

八、任务报告

建筑物沉降观测工作任务需完成表 4-47 的报告内容。

表 4-47　建筑物沉降观测报告

日期：　　　班级：　　　小组：　　观测：　　　记录：　　　计算：

工作任务		成绩	
工作技能 目标			
主要仪器及 工具			
沉降观测方法及 步骤、记录 计算数据			

工作任务总结	
工作任务评阅	

工作任务十六　建筑物的倾斜观测

一、技能目标

本次实训达到的目标是了解建筑物发生倾斜的原因,掌握建筑物倾斜观测的步骤和方法。

二、任务内容

选一个正在进行变形观测的建筑物,用不同的方法进行倾斜观测并计算其倾斜值。

三、实训条件

选择一个正在进行变形观测的建筑物。

四、仪器设备

需领借的全部仪器设备及工具有电子水准仪及配套水准尺,经纬仪、盒尺。

五、实训程序

（1）了解建筑物发生倾斜的原因。倾斜观测是建筑物变形观测的主要内容之一。建筑物发生倾斜的原因主要是地基承载力不均匀或建筑物体形复杂、层高变化而形成不同荷载，地基及其周围地面有差异沉降或受外力作用的结果。倾斜观测是用测量仪器测定建筑物的基础和上部结构的倾斜量、方向和速率等。倾斜观测根据观测的部位，可分为基础倾斜观测和上部倾斜观测。

基础倾斜观测一般采用精密水准测量的方法，定期测出基础两端点的差异沉降量，进行推算。

（2）用精密水准测量的方法观测基础倾斜。建筑物的基础倾斜观测，一般采用精密水准仪进行沉降观测的方法，定期测出基础两端点的差异沉降量 Δh，如图 4-16 所示，再根据两点的距离 L，即可计算出基础的倾斜度 i，即

$$i = \frac{\Delta h}{L}$$

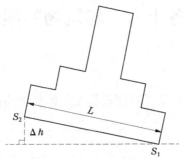

图 4-16　基础倾斜示意图

（3）观测基础的差异沉降量推算建筑物的上部倾斜，如图 4-17 所示。

测得建筑物两端点的差异沉降量 Δh 后，根据建筑物的宽度 L 和高度 H，可按下式推算出上部结构的倾斜值 Δ，如图 4-17 所示。

$$\Delta = iH = \frac{\Delta h}{L} H$$

（4）用经纬仪投影法测定建构筑物的倾斜。对需要进行倾斜观测的一般建筑物，要在互相垂直的两个侧面进行观测。如图 4-18 所示，在离墙距离大于墙高的地方选一点 A 安置经纬仪后，分别用正、倒镜瞄准墙顶一固定点 M，向下投影取其中点 M_1。过一段时间再用经纬仪瞄准同一点 M，向下投影得 M_2 点。若建筑物沿侧面方向发生倾斜，M 点已移位，则 M_2 与 M_1 不重合，于

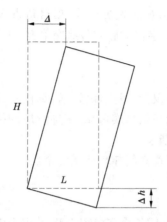

图 4-17 主体倾斜示意图

是量得偏离量 e_M。同时,在另一侧面也可以测得偏移量 e_N,利用矢量加法可求得建筑物的总偏斜量 e,即

$$e = \sqrt{e_M^2 + e_N^2}$$

以 H 代表建物的高度,则建筑物的倾斜度为

$$i = \frac{e}{H}$$

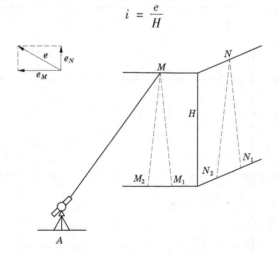

图 4-18 倾斜观测示意图

六、技术要求

(1)所用经纬仪必须经过严格的检验与校正。

（2）每次观测结果,由观测人员计算、项目负责人签字,交由内业打印资料,总工程师审核无误,签字盖章后方可提交甲方。

七、注意事项

（1）所有使用的测量仪器,专人保管。轻拿轻放,不得碰撞。

（2）测量的原始记录必须真实可靠,字迹清楚,不得随意涂抹更改。

（3）加强复核,保证精度。

（4）进入施工场地要遵守纪律和注意安全。

八、任务报告

建筑物倾斜观测工作任务需完成表4-48的报告内容。

表4-48　建筑物倾斜观测报告

日期:　　　班级:　　　小组:　　　观测:　　　记录:　　　计算:

工作任务		成绩	
工作技能 目标			
主要仪器及 工具			
倾斜观测内容、 方法、步骤、 记录计算数据			
工作任务总结			
工作任务评阅			

第五章　建筑工程控制测量实例设计

测量工作要遵循"先控制、后碎部"的工作原则,目的是为了避免测量误差的积累,提高测量工作的精度和速度,建筑工程测量的第一步工作内容是控制测量工作,然后进行碎部测量工作,控制测量分为平面控制测量和高程控制测量,导线测量是平面控制测量的主要形式,水准测量是高程控制测量的主要形式。

实例设计一　导线测量

在实训场地内有 K_1 和 K_2 两个已知平面控制点,其坐标分别为 $K_1(577.271,177.145)$、$K_2(720.500,136.488)$,还有两个未知点 A 和 B,如图 5-1 所示。因 K_1、K_2、A、B 四点相互通视,地势开阔平坦,满足导线测量的技术要求,所以为了得到 A、B 两点坐标,布设为一条闭合导线,按照一级导线的技术指标和要求,进行了水平距离和水平角的外业测量工作,并进行了内业计算与平差处理,其观测数据和计算过程见表 5-1 ~ 表 5-3 所示。

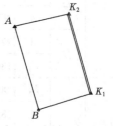

图 5-1　导线示意图

表 5-1　水平距离测量记录表

测站	目标	竖盘位置	平距读数	平均读数	备注
K_2	A	左	101.960	101.960	
			101.961		
	A	右	101.961		
			101.960		
A	B	左	155.900	155.901	
			155.901		
	B	右	155.901		
			155.901		

续表 5-1

测站	目标	竖盘位置	平距读数	平均读数	备注
B	K_1	左	101.710	101.710	
			101.711		
	K_1	右	101.710		
			101.710		

表 5-2　测回法观测手簿

测站	盘位	目标	水平度盘读数 (° ′ ″)	半测回角值 (° ′ ″)	一测回角值 (° ′ ″)	各测回平均角值 (° ′ ″)	备注
K_2	左	K_1	00 00 10	92 33 25	92 33 26	92 33 26	
		A	92 33 35				
	右	A	272 33 31	92 33 26			
		K_1	180 00 05				
K_2	左	K_1	90 10 10	92 33 27	92 33 26		
		A	182 43 37				
	右	A	02 43 37	92 33 25			
		K_1	270 10 12				
A	左	K_2	00 00 10	87 22 50	87 22 55	87 22 52	
		B	87 23 00				
	右	B	267 23 10	87 23 00			
		K_2	180 00 10				
A	左	K_2	90 10 10	87 22 51	87 22 50		
		B	277 33 01				
	右	B	357 33 02	87 22 50			
		K_2	270 10 12				

测站	盘位	目标	水平度盘读数	半测回角值	一测回角值	各测回平均角值	备注
			(° ′ ″)	(° ′ ″)	(° ′ ″)	(° ′ ″)	
B	左	A	00 00 10	88 40 41			
		K_1	88 40 51		88 40 42		
	右	K_1	268 40 57	88 40 43			
		A	180 00 14			88 40 42	
B	左	A	90 10 10	88 40 44			
		K_1	178 50 54		88 40 42		
	右	K_1	358 50 53	88 40 40			
		A	270 10 13				
K_1	左	B	00 00 10	91 23 10			
		K_2	91 23 20		91 23 12		
	右	K_2	271 23 23	91 23 15			
		B	180 00 08			91 23 13	
K_1	左	B	90 10 10	91 23 14			
		K_2	181 33 24		91 23 14		
	右	K_2	01 33 23	91 23 15			
		B	270 10 08				

表 5-3　导线计算表

点号	观测角左角 (° ′ ″)	改正后的角值 (° ′ ″)	坐标方位角 (° ′ ″)	边长 (m)	坐标增量计算 (m)		改正后的坐标增量(m)		坐标值	
					Δx	Δy	Δx	Δy	x	y
1	2	3	4	5	6	7	8	9	10	11
K_1			344 09 10							
K_2	92 33 26	92 33 23							720.500	136.488
			256 42 33	101.960	− 23.440	− 99.229	− 23.438	− 99.227		
A	87 22 52	87 22 49							697.062	37.261
			164 05 22	155.901	− 149.929	+ 42.738	− 149.926	+ 42.739		
B	88 40 42	88 40 38							547.136	80.000
			72 46 00	101.710	+ 30.133	+ 97.144	+ 30.135	+ 97.145		
K_1	91 23 13	91 23 10							577.271	177.145
K_2			344 09 10							
Σ	360 00 13	360 00 00		359.571	− 143.236	+ 40.583	− 143.229	+ 40.657		

辅助计算	$K = 1/44\,000$，$f_\beta = + 13''$，$f_{\beta允} = \pm 20''$，$f_x = - 0.007$，$f_y = - 0.004$ 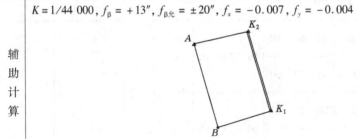

实例设计二　四等水准测量

在地面上有一个已知高程点 BM_1（其高程为 1 000.000 m）和待测高程点 A、B 和 C，现布设为一条闭合水准路线，如图 5-2 所示，采用四等水准测量的办法进行了外业观测和内业计算，分别如表 5-4 和表 5-5 所示。

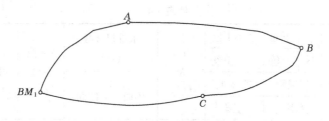

图 5-2　闭合水准路线示意图

表 5-4　四等水准测量记录表

测站	测点编号	后尺 下丝 上丝 后视距 视距差	前尺 下丝 上丝 前视距 ∑d	方向及尺号	水准尺读数（m）黑面	水准尺读数（m）红面	K+黑-红（mm）	高差中数（m）	备注
1	BM_1	1.488	1.588	后视	1.272	5.960	−1		
1	TP_1	1.059	1.110	前视	1.333	6.120	0	−0.060	
1		42.9	44.8	后−前	−0.061	−0.160	−1		
1		−1.9	−1.9						
2	TP_1	1.391	1.611	后视	1.233	6.021	−1		
2	TP_2	1.076	1.298	前视	1.454	6.140	+1	−0.220	
2		31.5	31.3	后−前	−0.221	−0.119	−2		
2		+0.2	−1.7						
3	TP_2	1.721	0.941	后视	1.511	6.199	−1		
3	TP_3	1.300	0.540	前视	0.740	5.529	−2	+0.770	
3		42.1	40.1	后−前	+0.771	+0.670	+1		
3		+2.0	+0.3						
4	TP_3	1.319	1.413	后视	1.188	5.973	+2		
4	A	1.054	1.144	前视	1.279	5.966	0	−0.092	
4		26.5	26.9	后−前	−0.091	+0.007	+2		
4		−0.4	−0.1						
检核									

测站	测点编号	后尺 下丝 上丝	前尺 下丝 上丝	方向及尺号	水准尺读数（m） 黑面	红面	K+黑－红（mm）	高差中数（m）	备注
		后视距	前视距						
		视距差	Σd						
5	A	1.128	1.497	后视	0.999	5.687	－1		
	TP₄	0.870	1.237	前视	1.367	6.152	＋2	－0.366	
		25.8	26.0	后－前	－0.367	－0.465	－3		
		－0.2	－0.3						
6	TP₄	1.216	1.415	后视	1.011	5.788	0		
	TP₅	0.802	0.991	前视	1.201	5.890	－2	－0.191	
		41.4	42.4	后－前	－0.190	－0.092	＋2		
		－1.0	－1.3						
7	TP₅	1.375	1.423	后视	1.236	5.921	＋2		
	TP₆	1.098	1.162	前视	1.294	6.080	＋1	－0.058	
		27.7	26.1	后－前	－0.058	－0.159	＋1		
		＋1.6	＋0.3						
8	TP₆	1.490	1.348	后视	1.333	6.119	＋1		
	B	1.178	1.022	前视	1.185	5.872	0	＋0.148	
		31.2	32.6	后－前	＋0.148	＋0.247	＋1		
		－1.4	－1.1						
检核									

测站	测点编号	后尺 下丝 上丝	前尺 下丝 上丝	方向及尺号	水准尺读数（m）		K+黑-红（mm）	高差中数（m）	备注
		后视距	前视距		黑面	红面			
		视距差	$\sum d$						
9	B	1.701	1.409	后视	1.429	6.115	+1		
	TP_7	1.150	0.869	前视	1.136	5.922	+1	+0.293	
		55.1	54.0	后-前	+0.293	+0.193	0		
		+1.1	0						
10	TP_7	1.536	1.391	后视	1.353	6.140	0		
	TP_8	1.171	1.027	前视	1.210	5.887	0	+0.143	
		36.5	36.4	后-前	+0.143	+0.243	0		
		+0.1	+0.1						
11	TP_8	1.600	1.360	后视	1.417	6.102	+2		
	TP_9	1.232	0.991	前视	1.177	5.962	+2	+0.240	
		36.8	36.9	后-前	+0.240	+0.140	0		
		-0.1	0						
12	TP_9	1.585	1.469	后视	1.320	6.102	-1		
	C	1.052	0.921	前视	1.177	5.881	+1	+0.126	
		53.3	54.8	后-前	+0.125	+0.227	-2		
		-1.5	-1.5						
检核									

测站	测点编号	后尺	下丝 上丝	前尺	下丝 上丝	方向及尺号	水准尺读数（m）		K+黑-红（mm）	高差中数（m）	备注
		后视距		前视距			黑面	红面			
		视距差		Σd							
13	C	1.421		1.313		后视	1.251	5.940	−2		
	TP₁₀	1.081		0.969		前视	1.140	5.929	−2	+0.111	
		34.0		34.4		后−前	+0.111	+0.011	0		
		−0.4		−1.9							
14	TP₁₀	1.371		1.761		后视	1.188	5.975	0		
	TP₁₁	1.009		1.408		前视	1.581	6.270	−2	−0.394	
		36.2		35.3		后−前	−0.393	−0.295	+2		
		+0.9		−1.0							
15	TP₁₁	1.070		1.601		后视	0.943	5.631	−1		
	TP₁₂	0.818		1.355		前视	1.479	6.265	+1	−0.535	
		25.2		24.6		后−前	−0.536	−0.634	−2		
		+0.6		−0.4							
16	TP₁₂	1.589		1.515		后视	1.409	6.198	−2		
	BM₁	1.230		1.149		前视	1.331	6.019	−1	+0.078	
		35.9		36.6		后−前	+0.078	+0.179	−1		
		−0.7		−1.1							

检核

后距 = 582.1 m 后尺黑面读数之和 = 20.093 后尺红面读数之和 = 95.871

前距 = 583.2 m 前尺黑面读数之和 = 20.101 前尺红面读数之和 = 95.879

末站累计差 = −1.1 m 黑面高差之和 = −0.008 m 红面高差之和 = −0.008 m

总视距 = 1 165.3 m   高差中数之和 = −0.008 m

黑面高差之和 + 红面高差之和 = 2 × 高差中数之和

表 5-5　水准路线高差闭合差调整与高程计算

点号	距离	实测高差 h'(m)	高差改正数 v(m)	改正后高差 h(m)	高程 H (m)	备注
1	2	3	4	5	6	7
BM_1					1 000.000	
	286.1	+0.398	+0.002	+0.400		
A					1 000.400	
	253.2	-0.468	+0.002	-0.466		
B					999.934	
	363.8	+0.802	+0.002	+0.804		
C					1 000.738	
	262.2	-0.740	+0.002	-0.738		
BM_1					1 000.000	
Σ	1 165.3	-0.008	+0.008	0		
辅助 计算	$f_h = -0.008$　　$m = -8$ mm　　　$f_{h允} = \pm 21$ mm					

实例设计三　二等水准测量

在地面上有 A、B、C、D 四个点形成了一条闭合水准路线,其中 A 点高程已知为 500 m,B、C、D 三点高程未知,如图 5-3 所示,现采用二等水准测量的办法进行了外业观测和内业计算,分别如表 5-6 和表 5-7 所示。

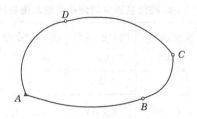

图 5-3 水准路线示意图

表 5-6 二等水准测量记录表

测自　　　　　至　　　　　　日期：　　　年　　　月　　　日

测站编号	后距 视距差	前距 累计视距差	方向及尺号	标尺读数		两次读数之差	备注
				第一次读数	第二次读数		
1	20.3	20.5	后 A	174014	174013	+ 1	
			前	073346	073356	− 10	
	−0.2	−0.2	后 − 前	+ 1.00668	+ 1.00657	+ 11	
			h	+ 1.00662			
2	20.2	20.0	后	169814	169803	+ 11	
			前	068779	068774	+ 5	
	+0.2	0	后 − 前	+ 1.01035	+ 1.01029	+ 6	
			h	+ 1.01032			
3	20.4	20.3	后	172119	172133	− 14	
			前	080700	080696	+ 4	
	+0.1	+0.1	后 − 前	+ 0.91419	+ 0.91437	− 18	
			h	+ 0.91428			
4	20.1	20.3	后	177002	176985	+ 17	
			前	073795	073793	+ 2	
	−0.2	−0.1	后 − 前	+ 1.03207	+ 1.03192	+ 15	
			h	+ 1.03200			

测站编号	后距 视距差	前距 累计 视距差	方向及 尺号	标尺读数 第一次读数	标尺读数 第二次读数	两次读数 之差	备注
5	20.5	20.1	后	175792	175797	−5	
			前	057690	057732	−42	
	+0.4	+0.3	后−前	+1.18102	+1.18065	+37	
			h	+1.18084			
6	8.5	9.4	后	134348	134354	−6	
			前 B	128242	128245	−3	
	−0.9	−0.6	后−前	+0.06106	+0.06109	−3	
			h	+0.06108			
7	40.9	40.5	后 B	107098	107128	−30	
			前	130474	130480	−6	
	+0.4	−0.2	后−前	−0.23376	−0.23352	−24	
			h	−0.23364			
8	41.0	40.4	后	110491	110435	+56	
			前	129938	129938	0	
	+0.6	+0.4	后−前	−0.19447	−0.19503	+56	
			h	−0.19475			
9	20.3	20.0	后	111576	111586	−10	
			前	127172	127159	+13	
	+0.1	+0.5	后−前	−0.15596	−0.15573	−23	
			h	−0.15584			
10	11.7	11.7	后	115256	115260	−4	
			前 C	125295	125304	−9	
	0	+0.5	后−前	−0.10039	−0.10044	+5	
			h	−0.10042			

测站编号	后距 视距差	前距 累计视距差	方向及尺号	标尺读数 第一次读数	标尺读数 第二次读数	两次读数之差	备注
11	18.3	18.5	后 C	072774	072765	+9	
			前	177101	177117	−16	
	−0.2	+0.3	后−前	−1.04327	−1.04352	+25	
			h	−1.04340			
12	18.2	18.4	后	060220	060222	−2	
			前	172201	172180	+21	
	−0.2	+0.1	后−前	−1.11981	−1.11958	−23	
			h	−1.11970			
13	18.5	+18.5	后	059373	059358	+15	
			前	177873	177852	+21	
	0	+0.1	后−前	−1.18500	−1.18494	−6	
			h	−1.18497			
14	14.5	14.0	后	070151	070150	+1	
			前 D	179219	179217	+2	
	+0.5	+0.6	后−前	−1.09068	−1.09067	−1	
			h	−1.09068			
15	41.1	−41.1	后 D	086403	086415	−12	
			前	127839	127832	+7	
	0	+0.6	后−前	−0.41436	−0.41417	−19	
			h	−0.41426			
16	40.9	41.1	后	111550	111518	+32	
			前	121673	121674	−1	
	−0.2	+0.4	后−前	−0.10123	−0.10156	+33	
			h	−0.10140			

测站编号	后距 视距差	前距 累计视距差	方向及尺号	标尺读数 第一次读数	标尺读数 第二次读数	两次读数之差	备注
17	20.3	23.2	后	132997	133012	− 15	
			前	110973	110959	+ 14	
	+ 0.1	+ 0.5	后 − 前	+ 0.22024	+ 0.22053	− 29	
			h	+ 0.22038			
18	10.3	10.8	后	127364	127361	+ 3	
			前 A	105737	105743	− 6	
	− 0.5	0	后 − 前	+ 0.21627	+ 0.21618	+ 9	
			h	+ 0.21622			

表 5-7　二等水准测量高程误差配赋表

点名	测段编号	距离（m）	观测高差（m）	改正数（m）	改正后高差（m）	高程（m）
A						500.000
	1	220.6	+ 5.20514	− 0.00073	+ 5.20441	
B						+ 505.204
	2	226.5	− 0.68465	− 0.00074	− 0.68539	
C						+ 504.519
	3	138.9	− 4.43875	− 0.00046	− 4.43921	
D						+ 500.080
	4	228.8	− 0.07906	− 0.00075	− 0.07981	
A						500.000
Σ		814.8	+ 0.00268	− 0.00268	0	

$$W_{实} = + 2.68 \text{ mm} \qquad W_{允} = \pm 3.5 \text{ mm}$$

第六章　工程综合案例设计

　　建筑工程测量课程的总目标是："以学生为主体,以学生的职业能力为中心",通过该课程的实施,能帮助学生学会学习、学会实践、学会协作。使学生的知识、技能得到全面发展,既为学生今后的工作打下良好的知识与技能基础,又培养其良好的职业道德,为其将来的职业生涯打下基础。课程内容以"学其所用,用其所学",突出高职教育特点,确保人才培养目标的实现。

　　针对课程目标,详细进行了工程综合案例设计,通过详细的案例内容及工作步骤分析,教会学生能够看懂并理解技术设计,理清各项综合案例的工作步骤,会进行数据分析,会进行工作总结。有助于学生具备基本工程测绘和测设的能力。能够在各个不同工作项目中熟练应用各种测绘仪器及工具;能够进行民用建筑的施工测量和测设工作;能够进行建筑物的变形监测工作,能够进行大比例尺地形图的测绘工作,培养学生具有良好的职业道德、团队精神,培养学生的专业能力、技术方法能力、解决综合问题。

　　工程综合案例设计体现了综合性实践教学环节,是学习深化、拓宽、综合运用所学知识的重要过程,全面检验学生综合素质与工程实践能力培养的效果,全面考虑培养学生知识、能力、素质提高的关键性环节,是实现学生从学校学习到岗位工作的过渡环节,可以为未来工程师接受终身的继续教育奠定一个必要的基础。

工程案例设计一　建筑施工测量

××项目建筑施工测量

一、项目简介

　　××项目位于××市××区,总建筑面积 18.83 万 m²。包括九栋主楼和地下车库,其中地上 15.72 万 m²、地下 3.11 万 m²。本工程主楼结构类型为剪力墙结构,地库结构类型为框架结构。21#、22#楼地下 2 层,地上 32 层,建筑高度 97.2 m;23#、25#~28#楼地下 2 层,地上 31 层,建筑高度 91.7 m;24#楼地下 2 层,地上 28 层,建筑高度 85.8 m,29#楼地下 2 层,地上 31 层,建筑高度 94.3 m。地下车库,地下 1 层,建筑高度 4.85 m。本工程施工现场地势基本平坦,局部存在土堆,便于进行施工放线测量与沉降观测。

二、作业依据(规范或技术说明)

(1)《工程测量规范》(GB 50026—2007);
(2)《建筑地基基础工程施工质量验收规范》(GB 50202—2002);
(3)《建筑变形测量规范》(JGJ 8—2016);
(4)××公司提供的图根点成果表和水准测绘报告;
(5)××工程施工图纸;
(6)××工程施工组织设计。

三、技术方案

(一)仪器与设备

根据本工程的规模、质量要求、施工进度确定所用的测量仪器,所有测量器具必须经专业法定检测部门检验合格后方可使用。使用时应严格遵照《工程测量规范》(GB 50026—2007)要求操作、保管及维护,并设立测量设备台账。测量仪器配备一览表见表 6-1。

表 6-1　测量仪器配备一览表

序号	测量仪器名称	型号规格	用途	数量	备注
1	全站仪	常州大地	定位放线	1 台	
2	自动安平水准仪	DZS3 – 1	水准测量	2 台	
3	激光铅垂仪	ML401	垂直传递	2 台	
4	电子经纬仪	DT202C	投测轴线	2 台	
5	钢卷尺	50 m	距离测量	1 把	
		5 m		10 把	
6	塔尺	5 m	水准测量	2 把	
7	对讲机	—	通信联络	1 对	

除以上主要器具外,另需配棱镜、计算器、木桩、铁钉、线锤、墨斗等。

（二）技术准备

1. 施测组织

（1）本项目计划安排7名专职测量人员负责该工程的测量基准点、测设点的维护和使用，配合现场施工；对施工作业面进行测量放线、抄测标高，并按规定程序检查验收；负责测量资料的编制、收集整理、归档等工作；为施工技术人员提供准确数据，为项目工程师提供技术决策。

（2）测量人员及组成。测量负责人1名，测量技术员3名，配合人员3名。所有参加施工测量人员、验线人员须持证上岗，配合放线人员要固定，不能随便更换，如有特殊需要，必须由现场技术负责人同意后负责调换，以保证工程正常施工。

2. 技术要求

（1）测量人员必须熟悉图纸，了解设计意图，学习测量规范，充分掌握轴线、尺寸、标高和现场条件，对各设计图纸的有关尺寸及测设数据应仔细校对，必要时将图纸上主要尺寸摘抄于施测记录本上，以便随时查找使用。

（2）测量人员测量前必须到现场踏勘，全面了解现场情况，复核测量控制点及水准点，保证测设工作的正常进行，提前编制施工测量方案。

（3）测量人员必须按照施工进度计划要求，施测方案，测设方法，测设数据计算和绘制测设草图，以此来保证工程各部位按图施工。

3. 施测原则

（1）认真学习并执行测量规范。明确"一切为工程服务，按图施工，质量第一"的宗旨。

（2）遵守"先整体后局部"的工作程序，先确定"平面控制网"，后以控制网为依据，进行各细部轴线的定位放线。

（3）必须严格审核测量原始依据的正确性，坚持"现场测量放线"与"内业测量计算"工作步步校核的工作方法。

（4）测设方法要科学、简捷，仪器选用要恰当，使用要精心，在满足工程需要的前提下，力争做到省工、省时、省费用。

（5）定位工作必须执行自检、互检合格后再报检的工作制度。

（6）紧密配合施工，发扬"团结协作、实事求是、认真负责"的工作作风。

（三）坐标及高程引入

1. 坐标点、水准点引测依据

坐标点、水准点引测依据××公司提供的图根点成果表和水准测绘报告。

2.场区平面控制网布设原则

平面控制网的布设遵循先整体、后局部,高精度控制低精度的原则。根据设计总平面图,现场施工平面布置图布设平面控制网,控制点应选在通视条件良好、安全、易保护的地方。

3.引测坐标点、水准点,建立区域测量控制网

1)坐标点

为准确对本工程定位,邀请规划院对本工程的各个楼栋轴线进行 RTK 定位,并出具建筑物的平面放线成果表。

基槽采取独立开挖,且规划院测设的楼座角点位于基坑开挖范围,为方便后续施工,须在基坑开挖前对规划院提供的楼栋角点坐标点进行引测。所引测的控制点之间要求通视,便于保护,方便施工使用。根据设计图纸,拟对施工现场进行网状控制。

2)水准点

高程控制点根据甲方提供的水准测绘报告,采用四等水准测量的方法,对两水准点进行闭合检验,闭合差检验合格后,向建筑物四周围墙上按每30～40 m 间距引测固定高程控制点。

(四)测量控制方法

1.轴线控制方法

基础部位施工采用"轴线交会法"测设轴线,±0.00 m 以上主体结构采用"内控天顶法"测设轴线。

2.高程传递方法

基础部位主要采用"四等水准闭合环引测法",主体结构为"钢尺垂直传递法"。

3.轴线及高程点放样程序

(1)基础工程。基础工程施工测量程序见图6-1。

(2)顶板混凝土标高控制。控制程序见图6-2。

(五)基础测量放线

1.轴线投测

(1)土方开挖:由于本工程基础土方为独立开挖,开挖前根据引测的控制桩放出槽上口线,在挖出工作面后,先钉出距槽边 1 m 控制桩,以此控制槽的开挖尺寸和边坡坡度。

(2)垫层混凝土浇筑后,根据轴线控制网将轴线投测到垫层面上,在垫层上弹出十字控制墨线,并进行校测后,计算出基础大方脚的外皮线,弹上墨线,

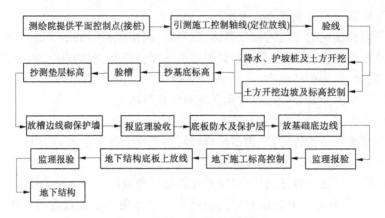

图 6-1　基础工程施工测量程序

图 6-2　顶板混凝土标高控制程序

作为砖砌胎模的依据。砖砌胎模距基础大方脚的外皮线 40 mm,用于抹灰层、防水层及保护层施工。

(3)基础施工轴线控制,直接采用基坑外控制桩两点通视直线投测法(见图 6-3),向基础平台投测轴线,为防止轴线上墙、柱钢筋、模板影响测量观测,故采取偏离轴线 80~100 cm 设定施工观测控制线。控制点宜设置在距边坡上口 0.5 m 处,再按施工观测控制线引放其他细部施工控制线,且每次施工观测控制线的放样必须独立施测两次,经校核无误后方可使用。本工程 23# 楼拟设置 4 条控制线(见图 6-4),以满足现场施工及精度要求,其余各楼号控制线图见附图。

(4)基础部分电梯井、集水坑,根据其与主控线的关系确定其长短边方向的中心线对称放样,以便复核。

2.标高控制

本工程甲方提供 L、ZD4 两点绝对标高分别为 1 052.019 8 m、1 049.155 6 m,现场引测至施工大门水准点处的绝对标高为 1 050.054 m。

(1)高程控制点的联测:在向基坑内引测标高时,首先联测高程控制网点,以判断场区内水准点是否被碰动,经联测确认无误后,方可向基坑内引测所需的标高。

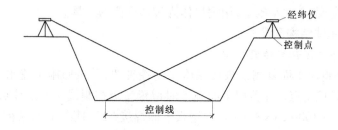

图 6-3　控制线投射图

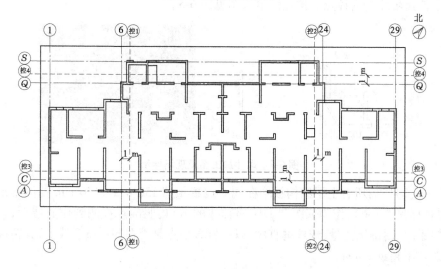

图 6-4　23#控制线投射图

（2）标高的施测：为保证竖向控制的精度要求，对每层所需的标高基准点，必须正确测设，在同一平面层上所引测的高程点，不得少于 3 个，并做相互校核，校核后三点的偏差不得超过 3 mm，取平均值作为该平面施工中标高的基准点，基准点应标在边坡立面位置上，所标部位应先用水泥砂浆抹成一个竖平面，在该竖平面上测设施工用基准标高点，用红色三角作标志，并标明绝对高程和相对标高，便于施工中使用。

（3）为了控制基槽的开挖深度，当基槽开挖到接近槽底设计标高时，用水准仪在槽壁上测设一些水平木桩，使木桩的上表面离槽底的标高为一固定值。为施工时方便，一般在槽壁各拐角处和槽壁每隔 3 ~ 4 m 均测设一水平桩。必要时可沿水平桩上表面挂线检查槽底标高。

（4）根据标高线分别控制垫层标高和混凝土底板标高，墙、柱模板支好检查无误后，用水准仪在模板上定出墙、柱标高线。拆模后，抄测建筑 1.00 m 线控制顶板高度,在此基础上,用钢尺作为传递标高的工具。

(六)主体结构测量放线

1.楼层主控轴线传递控制

(1)在首层平面复测校核楼层施工主控轴线,并按照施工流水段划分要求细分二级控制点。在首层平面施工时留置二级控制线交叉内控点,预埋钢板(100 mm×100 mm×8 mm),在钢板下面焊接ϕ12 钢筋,且与楼板底筋焊接浇筑。在内控线的钢板交点上用手提电钻打ϕ1 mm 小坑并点上红漆作为向上传递轴线的内控点。预埋件示意图见图6-5。

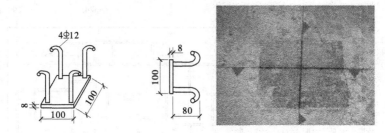

图6-5 埋件加工图及现场标示

(2)以后所有上层结构板均在同一位置预留 150 mm×150 mm 的倒锥形洞口(见图6-6),作为依次向上传递轴线的窗口,照准点投测到作业层后,校核距离,用钢尺丈量,校核垂直度,以一排 3 个点是否在同一条直线上,其精度误差不超过 2 mm。

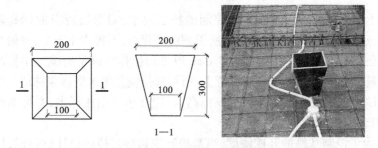

图6-6 预留洞口模板图

(3)激光控制线投测方法:在首层控制点上架设激光垂准仪(见图6-7),调至仪器对中整平后启动电源,使激光垂准仪发射出可见的红色光束,投射到上层预留孔的激光接收靶上,上下作业人员通过对讲机联系,调整对焦螺旋使红色激光斑点在靶心投影最小,将仪器旋转 4 个 900 画点,将 4 点连成十字,其中十字中心点即作为本层上的一个控制点,其余控制点用同样的方法向上传递,然后在引测的控制点上架设经纬仪,投测控制线。

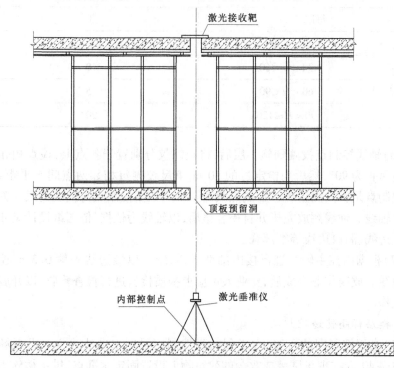

图 6-7　激光垂准仪投测控制点

　　(4)激光接收靶(见图 6-8)由 300 mm × 300 mm × 5 mm 厚的有机玻璃制作而成,激光接收靶上由不同半径的同心圆及正交坐标线组成。

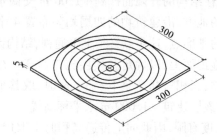

图 6-8　激光接收靶

　　(5)轴线竖向投测的允许误差见表6-2。

表 6-2　轴线竖向投测的允许误差

项目		允许误差(mm)
每层		3
高度 $H(m)$	$H \leqslant 30$	5
	$30 < H \leqslant 60$	10
	$60 < H \leqslant 90$	15
	$90 < H \leqslant 120$	20

(6)轴线控制点投测到施工层后,将经纬仪分别置于各点上,检查相邻点间夹角是否为90°,然后用检定过的50 m 钢尺校测每相邻两点间水平距离,检查控制点是否投测正确。控制点投测正确后依据控制点与轴线的尺寸关系放样出轴线。轴线测放完毕并自检合格后,以轴线为依据,依图纸设计尺寸放样出柱边线、洞口边线等细部线。

(7)根据内控主轴线进行楼内细部放样,统一以墙边线外侧0.3 m 控制模板边线。放线作业完成后,作业人员应上报质检员进行检查验收,以开展下一步工作。

2. 楼层标高传递控制

(1)高程控制网的布置:本工程高程控制网采用水准法建立。沿现场周边每30~40 m 在现场围墙或永久的建筑物上设置固定水准点,供主楼施工使用。

(2)标高传递:主体上部结构施工时采用钢尺直接丈量垂直高度传递高程。首层施工完后,在结构的外墙面抄测 +1.00 m 交圈水平线。在该水平线上方便于向上挂尺的地方,沿建筑物的四周均匀布置4 个点,做出明显标记,作为向上传递高程的基准点,这4 点必须上下通视,结构无突出点。以这几个基准点向上拉尺到施工面上,以确定各楼层施工标高。在施工面上先应闭合检查4 点标高的误差,当相对标高差小于3 mm 时,取其平均值作为该层标高的后视读数,并抄测该层建筑 +1.000 m 水平标高线。

(3)由于钢尺长度有限,因此向上传递高程时采取接力传递的方法,传递时应在钢尺的下方悬挂配重(要求轻重适宜)以保持钢尺的垂直。观测基准点设在1 层和10 层无结构突出部位,且不少于3 处。

(4)每层标高允许误差为3 mm,全层标高允许误差为15 mm,施工时严格按照规范要求控制,尽量减少误差。

（七）装修安装工程测量

（1）装修安装时以该层室内建筑+1.000 m线为准，见图6-9。

（2）装饰工程施工放线。室内装饰面施工时，平面控制仍以结构施工控制线为依据，标高控制引测建筑+1.000 m标高线，要求交圈闭合，误差在限差范围内，轴线、标高标志制作要规范。

（3）建筑标高及轴线标志。外墙四大角以控制线为准，保证四大角垂直方正，经纬仪投测上下贯通，竖向垂直线供贴砖控制校核。

图6-9　+1.000 m标高线

（4）外墙饰面施工时，以放样图为依据，以外门窗洞口、四大角上下贯通控制线为准，弹出方格网控制线（方格网大小以饰面石材尺寸而定）。

（八）测量注意事项

（1）仪器限差符合同级别仪器限差要求。

（2）钢尺量距时，对悬空和倾斜测量应在满足限差要求的情况下考虑垂曲和倾斜改正。

（3）标高抄测时，采取独立二次施测法，其限差为±3 mm，所有抄测应以水准点为后视。

（4）垂直度观测，若采取吊垂球，应在无风的情况下；如有风而不得不采取吊垂球，可将垂球置于水桶内。

（九）细部放样的要求

（1）用于细部测量的控制点或线必须经过检验。

（2）细部测量坚持由整体到局部的原则。

（3）方向控制使用距离较长的点。

（4）所有结构控制线必须清楚、明确。

四、质量验收及质量标准

工程测量中以中误差为衡量测量精度的标准，二倍误差作为极限误差。

（一）首级控制网

首级控制网各点的精度等级及测量方法依据《工程测量规范》（GB 50026—2007）执行，要求控制网的技术指标必须符合表6-3的规定。

表 6-3　控制网的技术指标

等级	边长相对中误差	测角中误差
一级	≤1/30 000	$7''\sqrt{n}$
二级	≤1/15 000	$15''\sqrt{n}$

(二)高程控制网

现场水准点精度及测量方法,根据《工程测量规范》(GB 50026—2007)高程控制网拟采用四等水准测量方法测定。水准测量的主要技术要求应符合表 6-4的规定。

表 6-4　水准测量的主要技术要求

等级	每千米高差中误差(mm)		仪器型号	水准标尺	观测次数		往返校差、附合或环线闭合差(mm)	
	偶然中误差(mm)	全中误差(mm)			与已知点联测	环线或附合	平地	山地
三等	±3	±6	DZS3 – 1	双面	往返	往返	$±12\sqrt{L}$	$±4\sqrt{n}$
四等	±5	±10	DZS3 – 1	双面	往返	往返	$±20\sqrt{L}$	$±6\sqrt{n}$

注:L 为附合路线或闭合环线长度(以 km 计);n 为测站点数。

(三)施工放线误差控制

轴线间距测量相对误差 $n≤1/10\ 000 × D$,测角对中误差 $i≤5$;垂直度偏差层间≤3 mm,全高≤5 mm;标高测量层高 ≤ ±3 mm,全高 ≤ ±5 mm。

五、沉降观测与变形观测

(1)根据设计要求,本建筑物做沉降观测,要求在整个施工期间至沉降基本稳定停止进行观测,施测时要求"三定",即定人、定点、定仪器。

(2)本建筑物施工时沉降观测按二等水准测量进行,观测精度如表 6-5所示。

表 6-5　沉降观测精度参考

等级	标高中误差(mm)	相邻高差中误差(mm)	观测方法	往返校差附和或环线闭合差(mm)
二等	±0.5	±0.3	二等水准测量	0.6$\sqrt{n}$ (n 为测站数)

(3)沉降观测点设置:根据设计要求布设沉降观测点,用于沉降观测的水准点必须设在便于保护的地方。

(4)当浇筑基础垫层混凝土时,在垫层平面位置埋设临时观测点,待稳定后及时进行观测。

(5)待基础结构施工完工后将临时观测点移至基础底板上埋设,并及时进行观测。

(6)直到±0.000时按平面布置位置埋设永久性观测点,每施工1~2层复测一次,直至竣工。

(7)工程竣工后,第一年测四次,第二年测二次,第三年后每年测一次,直至沉降稳定,一般为五年一次。

(8)观测资料及时整理,并与土建施工技术人员一同进行分析成果。(详见沉降观测报告)

六、测量复核和资料的整理

(1)工程定位测量工作完成后,由监理单位和建设单位参加验线,验线方法、验线仪器与放线时程序相同,以确保验线工作的检查独立性。

(2)楼层验线由现场质量员及专职验线员复验各楼层的放线结果,合格后报监理工程师抽查复验。

(3)外业测量记录采用统一格式,装订成册,回到内业及时整理并填写有关表格,并由不同人员将原始记录及有关表格进行复核,对于特殊测量要有技术总结和相关说明。

(4)有高差作业和重大项目的要报请相关部门或上级单位复核认可。

(5)对各层放样轴线间距离等采用钢尺复核,达到准确无误。

(6)所有测量资料统一编号,分类装订成册。

七、施工管理措施

(一)质量保证措施

(1)为保证测量工作的精度,应绘制放样简图,以便现场放样。

(2)对仪器及其他用具定时进行检验,以避免仪器误差造成的施工放样误差。测量工作是一个极为繁忙的工作,任务大、精度高,因此必须按《工程测量规范》(GB 50026—2007)要求,对测量仪器、量具按规定周期进行检定,在周期内的经纬仪与水准仪的主要轴线关系还应每2~3个月进行定期校验。此外,还应做好测量辅助工具的配备与校验工作。

（3）每次测角都应精确对中,误差 ±0.5 mm,并采用正倒镜取中数。

（4）高程传递水准仪应尽量架设在两点的中间,以消除视准轴不平行于水准轴的误差。

（5）使用仪器时在阳光下观测应用雨伞遮盖,防止气泡偏离造成误差,雨天施测要有防雨措施。

（6）每个测角、丈量、测水准点都应施测两遍以上,以便校准。

（7）每次均应作为原始记录登记,以便能及时查找。

（二）安全技术措施

（1）轴线投测到边轴时,应将轴线偏离边轴 1 m 以外,防止高空坠落,保证人员及仪器安全。

（2）每次架设仪器,螺旋松紧适度,防止仪器脱落下滑。

（3）较长距离搬运,应将仪器装箱后再进行重新架设。

（4）轴线引测处预留 150 mm × 150 mm 洞口,除引测时均要用木板盖严密,以防落物打击伤人或踩空,并设安全警示牌。

（5）向上引测时,要对工地工人进行宣传,不要从洞口向下张望,以防落物打中。

（6）外控引测投点时要注意临边防护、脚手架支撑是否安全可靠。

（7）遵守现场其他安全施工规程。

八、仪器保养和使用制度

（1）仪器实行专人负责制,建立仪器管理台账,由专人保管、填写。

（2）测量仪器必须符合《检验测量和试验设备控制程序》的有关规定,所有测量仪器进场前必须进行检测并在有效期内,并经常进行自检,保证在施工全过程中仪器状况良好。

（3）仪器必须置于专业仪器柜内,仪器柜必须干燥、无尘土。

（4）仪器使用完毕后,必须进行擦拭,并填写使用情况表格。

（5）仪器在运输过程中,必须手提、抱等,禁止置于有振动的车上。

（6）仪器现场使用时,司仪人员不得离开仪器。使用过程中避免日晒、雨淋,烈日或零星雨滴时使用仪器,应当撑伞保护,严格按照仪器的操作规程使用。

（7）水准尺不得躺放,三角架水准尺不得作为工具使用。

工程案例设计二　基坑侧向位移监测

××项目基坑侧向位移监测

第一部分　基坑侧向位移监测设计书

一、编制依据

(1)《工程测量规范》(GB 50026—2007);

(2)《精密工程测量规范》(GB/T 15314—1994);

(3)《国家一、二等水准测量规范》(GB 12897—2006);

(4)《建筑基坑工程监测技术规范》(GB 50497—2009);

(5)《××大厦基坑壁侧向位移观测技术设计书》;

(6)《××工程基坑平面布置图纸》。

二、工程概述

××大厦工程位于××市××区。该工程由××房地产公司开发。本工程属于一级基坑,根据规范要求对基坑护坡桩进行位移观测。

三、监测目的

(1)在基坑开挖的施工过程中,基坑内外的土体将由原来的静止土压力状态向被动土压力和主动土压力状态转变,应力状态的改变引起土体的变形,即使采取了支护措施,一定数量的变形总是难以避免的。这些变形包括基坑坑内土体的隆起,基坑支护结构有侧向位移。无论哪种位移的量超出了某个允许的范围,都将对基坑支护结构和周围结构与管线造成危害。因此,在基坑施工过程中,只有对基坑支护结构、基坑周围的土体和相邻建筑物进行综合、系统的监测,才能对工程情况有全面的了解,确保工程的顺利进行。

(2)根据现场监测数据与设计值(或预测值)进行比较,如超过某个限值,就采取工程措施,防止支护结构破坏和环境事故的发生,保证支护结构和相邻建筑物的安全。

(3)验证支护结构设计,指导基坑开挖和支护结构的施工。

（4）总结工程经验，为完善设计分析提供依据。

四、基坑观测系统布设

（一）位移监测控制点的建立

根据现场实地踏勘的情况，考虑控制点的稳定性和观测精度要求及防止控制点变动造成的差错，在工程现场旁布设三个控制点进行互相校核，它们的编号分别为 G_1、G_2、G_3，该三个控制点构成水平位移监测网，具体地点由现场确定。

（二）位移观测点的布置

由于本工程基坑位移监测网拟采用控制点控制，因而水平位移观测点布置在基坑围护结构顶部。根据现场平面尺寸及相关测量规范要求，本方案设计采用在基坑支护结构上布置 13 个位移点；它们的编号为 $J_1 \sim J_{13}$。（见"基坑观测点布置示意图"）。

五、基坑观测仪器的选择和精度要求

（一）仪器选择

观测使用徕卡 TS02 全站仪，本仪器已按时检定，在有效期范围内使用。

（二）精度要求

要求全站仪的角度测量精度、距离测量精度、双轴补偿精度都满足标称精度。

（三）测量仪器的检验和校正

当发现测量仪器不能满足施工测量要求或仪器已经过了年检时间时，就应送到有资质的检修单位进行检查和校核，整个施工过程中一定要保证测量仪器的有效性。

水准管轴不平行于视准轴情况的处理：在地面选定 A、B 两点，相距 100 m，置仪器与 A、B 两点的中点，对标尺读出读数 a_1、b_1，$h_1 = a_1 - b_1$ 即为两点之间的高差，然后将仪器移到靠近标尺 B 2 m 的地方 C 处再读数得出 a_2、b_2，$h_2 = a_2 - b_2$。若 $h_1 = h_2$ 或相差在 2 mm 之间表明水准管轴平行于视准轴，如果超过上述条件，则表明水准管轴不平行于视准轴，应进行校正，校正方法应为：计算在 C 处 A 尺的正确读数应为 $a_2 = b_2 + h_1$，旋转望远镜微倾螺旋，使横丝对准 A 点标尺上的正确读数 a_2，这时视准轴已水平，但气泡却偏离中心，拨动水准管校正螺丝使气泡居中，此项检校要反复进行，直至达到要求。

六、观测方法和要求

采用全站仪小角度观测法进行测量：在基坑靠近基坑边的控制点上设站，通过观测观测点与观测基点的角度变化读取全站仪观测角度，并直接测算距离，用全站仪测量从观测基点到观测点的角度初值，并测出测站到观测点的距离。

对基坑边上的 13 个观测点的位移测量方法为：首先自远离基坑的控制点开始观测，引测至基坑周围后，按编定的各点观测次序依次观测。每次观测前按技术要求对仪器进行检查和校正，为确保测量精度，观测中实行"三固定"原则，即固定人员、固定仪器、固定观测路线。

七、监测工作注意事项

作业人员必须严格按规范要求监测并进行自检，做到记录清晰、齐全，计算准确无误。检查员应及时对成果进行检查，发现问题应及时处理。审核员负责报告的审核，把好质量的最后一道关，并在监测工作过程中注意以下事项：

(1)采用相同的观测路线和观测方法。

(2)观测时应选择同一晴朗天气时进行观测。

(3)使用同一仪器和设备。

(4)固定观测人员，减少人为误差。

(5)每次观测前，对所使用的仪器和设备进行检查校正，并做出详细记录。

(6)应保证观测数据的真实性，并保留原始观测数据，以备查核。

(7)按国家有关测量规范进行观测。

八、说明

位移观测是一连续的工作，因此控制点和观测点的保护尤为重要，请甲方督促施工人员对上述各点加以保护，防止破坏、碰撞及扣压，以免对数据造成间断。如有以上问题，请尽快恢复破坏的观测点，即时通知我方进行观测，以确保观测精度。

九、提交资料

(1)水平移位观测表，见表 6-6。

(2)基坑观测点布置示意图见图 6-10。

第二部分 观测数据

表 6-6 水平位移观测表

工程名称：××大厦　　　　　　　　　　　　　观测单位××市××测绘有限责任公司

观测点号		2010年8月25日 观测期次:1			2010年8月26日 观测期次:2			2010年8月27日 观测期次:3			2010年8月28日 观测期次:4		
		坐标(m)	本次位移(mm)	累计位移(mm)	坐标(m)	本次位移(mm)	累计位移(mm)	坐标(m)	本次位移(mm)	累计位移(mm)	坐标(m)	本次位移(mm)	累计位移(mm)
J_1	X=	867.877 0	0.0	0.0	867.876 0	-1.0	-1.0	867.874 0	-2.0	-3.0	867.873 0	-1.0	-4.0
	Y=	1 051.639 0	0.0	0.0	1 051.638 0	-1.0	-1.0	1 051.637 0	-1.0	-2.0	1 051.636 0	-1.0	-3.0
J_2	X=	867.334 0	0.0	0.0	867.332 0	-2.0	-2.0	867.331 0	-1.0	-3.0	867.333 0	2.0	-1.0
	Y=	1 042.905 0	0.0	0.0	1 042.903 0	-2.0	-2.0	1 042.902 0	-1.0	-3.0	1 042.904 0	2.0	-1.0
J_3	X=	866.526 0	0.0	0.0	866.525 0	-1.0	-1.0	866.523 0	-2.0	-3.0	866.522 0	-1.0	-4.0
	Y=	1 030.230 0	0.0	0.0	1 030.232 0	2.0	2.0	1 030.233 0	1.0	3.0	1 030.232 0	-1.0	2.0
J_4	X=	865.924 0	0.0	0.0	865.922 0	-2.0	-2.0	865.921 0	-1.0	-3.0	865.923 0	2.0	-1.0
	Y=	1 020.861 0	0.0	0.0	1 020.860 0	-1.0	-1.0	1 020.862 0	2.0	1.0	1 020.863 0	1.0	2.0
J_5	X=	909.496 0	0.0	0.0	909.495 0	-1.0	-1.0	909.495 0	0.0	-1.0	909.494 0	-1.0	-2.0
	Y=	1 017.365 0	0.0	0.0	1 017.366 0	1.0	1.0	1 017.364 0	-2.0	-1.0	1 017.363 0	-1.0	-2.0

续表 6-6

工程名称：××大厦   观测单位 ××市××测绘有限责任公司

观测点号		2010年8月25日 观测期次:1			2010年8月26日 观测期次:2			2010年8月27日 观测期次:3			2010年8月28日 观测期次:4		
		坐标(m)	本次位移(mm)	累计位移(mm)	坐标(m)	本次位移(mm)	累计位移(mm)	坐标(m)	本次位移(mm)	累计位移(mm)	坐标(m)	本次位移(mm)	累计位移(mm)
J_6	X=	916.620 0	0.0	0.0	916.618 0	-2.0	-2.0	916.616 0	-2.0	-4.0	916.615 0	-1.0	-5.0
	Y=	1 007.568 0	0.0	0.0	1 007.566 0	-2.0	-2.0	1 007.565 0	-1.0	-3.0	1 007.564 0	-1.0	-4.0
J_7	X=	936.788 0	0.0	0.0	936.786 0	-2.0	-2.0	936.788 0	2.0	0.0	936.785 0	-3.0	-3.0
	Y=	1 006.712 0	0.0	0.0	1 006.711 0	-1.0	-1.0	1 006.710 0	-1.0	-2.0	1 006.713 0	3.0	1.0
J_8	X=	976.010 0	0.0	0.0	976.012 0	2.0	2.0	976.013 0	1.0	3.0	976.015 0	2.0	5.0
	Y=	1 013.907 0	0.0	0.0	1 013.906 0	-1.0	-1.0	1 013.905 0	-1.0	-2.0	1 013.906 0	1.0	-1.0
J_9	X=	976.597 0	0.0	0.0	976.596 0	-1.0	-1.0	976.598 0	2.0	1.0	976.599 0	1.0	2.0
	Y=	1 026.069 0	0.0	0.0	1 026.068 0	-1.0	-1.0	1 026.069 0	1.0	0.0	1 026.067 0	-2.0	-2.0
J_{10}	X=	977.051 0	0.0	0.0	977.050 0	-1.0	-1.0	977.049 0	-1.0	-2.0	977.048 0	-1.0	-3.0
	Y=	1 038.175 0	0.0	0.0	1 038.173 0	-2.0	-2.0	1 038.174 0	1.0	-1.0	1 038.173 0	-1.0	-2.0
J_{11}	X=	913.178 0	0.0	0.0	913.176 0	-2.0	-2.0	913.175 0	-1.0	-3.0	913.176 0	1.0	-2.0
	Y=	1 054.671 0	0.0	0.0	1 054.673 0	2.0	2.0	1 054.675 0	2.0	4.0	1 054.672 0	-3.0	1.0

续表 6-6

工程名称：××大厦　　　　　　　　　　　　　　　观测单位 ××市××测绘有限责任公司

观测点号		2010 年 8 月 25 日 观测期次:1			2010 年 8 月 26 日 观测期次:2			2010 年 8 月 27 日 观测期次:3			2010 年 8 月 28 日 观测期次:4		
		坐标(m)	本次位移(mm)	累计位移(mm)	坐标(m)	本次位移(mm)	累计位移(mm)	坐标(m)	本次位移(mm)	累计位移(mm)	坐标(m)	本次位移(mm)	累计位移(mm)
J_{12}	X =	963.058 0	0.0	0.0	963.056 0	-2.0	-2.0	963.057 0	1.0	-1.0	963.055 0	-2.0	-3.0
	Y =	1 052.271 0	0.0	0.0	1 052.273 0	2.0	2.0	1 052.274 0	1.0	3.0	1 052.272 0	-2.0	1.0
J_{13}	X =	946.511 0	0.0	0.0	946.510 0	-1.0	-1.0	946.509 0	-1.0	-2.0	946.508 0	-1.0	-3.0
	Y =	1 053.383 0	0.0	0.0	1 053.382 0	-1.0	-1.0	1 053.383 0	1.0	0.0	1 053.381 0	-2.0	-2.0

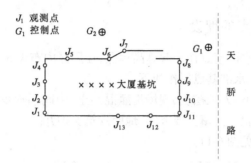

图 6-10 ××大厦基坑位移观测点、控制点布置示意图

工程案例设计三 沉降观测

××项目沉降观测

第一部分 ××研发中心综合楼沉降观测技术方案

受××公司的委托,某公司对其建设的××研发中心综合楼进行沉降观测,为此做以下沉降观测技术方案。

一、工程概况

该工程位于××市××区,由××能源有限责任公司建设。本次进行沉降观测的项目包括研发中心综合楼主楼、裙楼建筑物主体施工阶段及其使用阶段的沉降观测。

二、技术设计依据

(1)执行《建筑变形测量规程》(JGJ 8—2007);
(2)××研发中心综合楼工程设计图纸。

三、仪器设备

观测采用美国 Trimble DiNi12 精密电子水准仪(±0. 30 mm)和条码式水准尺。采用 Settlement 建筑沉降分析系统进行观测数据处理。

四、水准基点的埋设

根据布设的水准基点作为起算高程点,在厂区内布设 3 个水准基准点,组成的水准控制网,水准基点制作如下。

埋设要求如下:人工挖坑、现场浇灌混凝土,中间插放Φ20 或Φ25 钢筋,顶部处理成半圆状。回填土要夯实,地面砌筑保护井。

具体尺寸参见图 6-11。

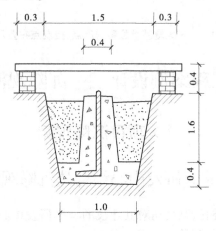

图 6-11　水准基点埋设示意图 （单位:m）

另外,也可在稳固的旧建筑物上设置 1～2 个水准标志,代替水准基点。

五、沉降观测点的布置

根据《建筑变形测量规程》(JGJ 8—2007)和工程部提供的"××研发中心综合楼"工程设计图纸,根据设计图纸中相关要求,在建筑物周边及后浇带两侧或变形缝两侧设置沉降观测点。各建筑物沉降观测点位布置图如下。

(1)主楼沉降观测点位布设示意图如图 6-12 所示。

(2)裙楼沉降观测点位布设示意图如图 6-13 所示。

六、沉降观测点的埋设要求

一层柱子(剪力墙)绑扎钢筋时,按上图选定的位置预埋 100 mm × 100 mm ×5 mm 钢板,拆模后在钢板上焊接Φ16 圆钢(煨弯顶部处理成半球状)观测标志。在建筑物内部的各点距室内地坪 20～30 cm。在建筑物外部的各点距室外地坪 80～100 cm(参照各建筑具体标高确定)。具体尺寸参见图 6-14。

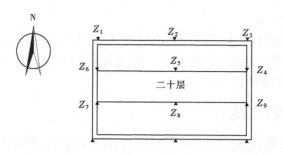

图 6-12　主楼沉降观测点位布设示意图

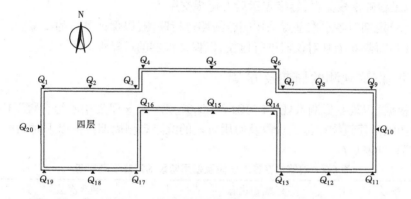

图 6-13　裙楼沉降观测点位布设示意图

观测标志严格按图中位置布置,若变动,应通知观测人员。

七、沉降观测方法和要求

(1)观测采用美国 Trimble DiNi12 精密电子水准仪(±0.30mm)和条码式水准尺。做到人员、仪器、路线"三固定"。

(2)观测期间定期对水准基点按国家 Ⅰ 等水准测量的技术要求进行联测。采用往返观测闭合路线,联测各水准基点。高差闭合差不超过 $±0.3\sqrt{n}(\mathrm{mm})$;每测站高差中误差不超过 0.13(mm);并进行水准网稳定性检验。

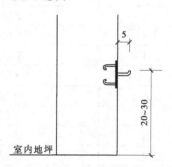

图 6-14　沉降观测点埋设示意图
（单位:cm）

(3)沉降观测采用几何水准测量方法,按国家 Ⅱ 等水准测量的技术要求施测。按附合线路,往返观测,其闭合差不超过 $±0.6\sqrt{n}(\mathrm{mm})$,每测站高差中误差不超过 1.00 mm。

（4）每次观测时按上述附合水准路线，每站采用后—后—前—前观测顺序，尽量做到前后视距相等。平差后计算出各点标高，减去上次标高，即可求得本次观测的沉降量。

八、质量保证措施

（1）每次观测后，若高差闭合差超限，当日进行重测，直到合格。

（2）每次观测结果，由观测人员计算、项目负责人签字，交由内业打印资料，总工程师审核无误，签字盖章后方可提交甲方。

（3）定期对各水准基点采用闭合线路进行联测，以保证各点的稳定。

（4）每隔 6 个月对仪器进行检校，以保证仪器的可靠性。

九、沉降观测的周期及方案

根据《建筑变形测量规程》（JGJ 8—2007）和"××研发中心综合楼"工程设计图纸。建筑物在施工阶段及使用阶段的沉降观测周期应按以下时间段进行观测，见表6-7。

表 6-7　建筑物在施工阶段及使用阶段的沉降观测周期

序号	建筑物状态	观测次数
1	1 层	沉降观测第 1 次
2	3 层	沉降观测第 2 次
3	5 层	沉降观测第 3 次
4	7 层	沉降观测第 4 次
5	9 层	沉降观测第 5 次
6	11 层	沉降观测第 6 次
7	13 层	沉降观测第 7 次
8	15 层	沉降观测第 8 次
9	17 层	沉降观测第 9 次
10	20 层	沉降观测第 10 次
11	主体封顶 1 个月后	沉降观测第 11 次
12	主体封顶 2 个月后	沉降观测第 12 次
13	主体封顶 5 个月后	沉降观测第 13 次
14	主体封顶 8 个月后	沉降观测第 14 次
15	主体封顶 14 个月后	沉降观测第 15 次

最后一次沉降观测结束并进行分析后,若各点沉降速度小于或等于0.02 mm/d 的稳定指标,可停止沉降观测。(规范规定若沉降观测点沉降速度小于0.01~0.04 mm/d,可认为已进入稳定阶段,判定构筑物进入稳定阶段的界限值为沉降速度小于或等于0.02 mm/d)

各单位在沉降观测期间应注意水准基点、沉降观测点的保护,以防破坏,影响观测的正常进行。

十、沉降观测的资料

沉降观测应提交以下资料:

(1)每次观测结果表;

(2)沉降观测的 W(荷载)~T(时间)~H(沉降量)曲线;

(3)沉降观测的 V(速度)~T(时间)~H(沉降量)曲线;

(4)等沉降曲线图;

(5)沉降观测技术总结报告。

对研发中心综合楼主楼的前四次沉降观测记录计算数据见表6-8。

第二部分　××研发中心综合楼主楼沉降观测数据

表6-8　××研发中心综合楼沉降观测记录(4)

观测部位:主楼											
结构形式:剪力墙结构				层次:10.0				仪器:Trimble Dini12			
水准点号及高程:BM_1(1 035.081 85)									天气:__晴__		
测点	2010 年 8 月 28 日			2010 年 9 月 19 日			2010 年 9 月 28 日			2010 年 10 月 18 日		
	高程	本次下沉	累计下沉	高程	本次下沉	累计下沉	高程	本次下沉	累计下沉	高程	本次下沉	累计下沉
	(m)	(mm)	(mm)	(m)	(mm)	(mm)	(m)	(mm)	(mm)	(m)	(mm)	(mm)
Z_1	6.625 57	0.00	0.00	6.624 13	1.44	1.44	6.622 97	1.16	2.60	6.621 35	1.62	4.22
Z_2	6.672 90	0.00	0.00	6.671 97	0.93	0.93	6.670 54	1.43	2.36	6.669 35	1.19	3.55
Z_3	6.706 36	0.00	0.00	6.705 39	0.97	0.97	6.704 21	1.18	2.15	6.702 46	1.75	3.90
Z_4	6.691 30	0.00	0.00	6.690 21	1.09	1.09	6.688 94	1.27	2.36	6.687 87	1.07	3.43
Z_5	6.686 54	0.00	0.00	6.685 31	1.23	1.23	6.684 46	0.85	2.08	6.683 15	1.31	3.39

测点	2010 年 8 月 28 日			2010 年 9 月 19 日			2010 年 9 月 28 日			2010 年 10 月 18 日		
	高程	本次下沉	累计下沉	高程	本次下沉	累计下沉	高程	本次下沉	累计下沉	高程	本次下沉	累计下沉
	(m)	(mm)	(mm)	(m)	(mm)	(mm)	(m)	(mm)	(mm)	(m)	(mm)	(mm)
Z_6	6.655 54	0.00	0.00	6.654 82	0.72	0.72	6.653 74	1.08	1.80	6.652 81	0.93	2.73
Z_7	6.719 72	0.00	0.00	6.718 69	1.03	1.03	6.717 28	1.41	2.44	6.716 11	1.17	3.61
Z_8	6.686 03	0.00	0.00	6.684 76	1.27	1.27	6.683 79	0.97	2.24	6.682 35	1.44	3.68
Z_9	6.684 52	0.00	0.00	6.683 19	1.33	1.33	6.682 28	0.91	2.24	6.680 42	1.86	4.10
Z_{10}	6.696 50	0.00	0.00	6.695 68	0.82	0.82	6.694 31	1.37	2.19	6.692 68	1.63	3.82
Z_{11}	6.665 68	0.00	0.00	6.664 69	0.99	0.99	6.663 45	1.24	2.23	6.662 13	1.32	3.55
Z_{12}	6.648 46	0.00	0.00	6.647 86	0.60	0.60	6.646 41	1.45	2.05	6.644 52	1.89	3.94
进度	2.0			5.0			7.0			10.0		
观测人												
备注												
沉降观测点布置图												

技术负责人：

×××× 年 ×× 月 ×× 日　　　　　　　　　　　　　观测单位：

第三部分　××研发中心综合楼主楼沉降观测阶段分析报告

受××能源有限责任公司的委托,××测绘技术有限责任公司于 2010 年 8 月 28 日至 2012 年 7 月 26 日对其建设的××能源公司研发中心综合楼主楼进行沉降监测,现将历次监测情况进行阶段分析汇报。

一、观测数据

在 2010-08-28 ~ 2012-07-26,主楼共进行了 22 次沉降观测,各点观测结果见表 6-9,沉降量分析见表 6-10,沉降差分析见表 6-11。

表 6-9　各点观测结果

点名	高程(m)		累计沉降量 (mm)	第 22 期	
	第 1 期	第 22 期		沉降量(mm)	日平均沉降(mm/d)
Z_1	6.625 57	6.604 92	20.65	0.66	0.031(21 天)
Z_2	6.672 90	6.653 81	19.09	0.57	0.027(21 天)
Z_3	6.706 36	6.685 84	20.52	0.50	0.024(21 天)
Z_4	6.691 30	6.669 98	21.32	0.88	0.042(21 天)
Z_5	6.686 54	6.667 42	19.12	0.52	0.025(21 天)
Z_6	6.655 54	6.635 05	20.49	0.71	0.034(21 天)
Z_7	6.719 72	6.699 76	19.96	0.56	0.027(21 天)
Z_8	6.686 03	6.665 92	20.11	0.74	0.035(21 天)
Z_9	6.684 52	6.663 53	20.99	0.50	0.024(21 天)
Z_{10}	6.696 50	6.675 62	20.88	0.41	0.020(21 天)
Z_{11}	6.665 68	6.646 51	19.17	0.64	0.030(21 天)
Z_{12}	6.648 46	6.629 75	18.71	0.62	0.030(21 天)

表 6-10　沉降量分析

绝对沉降	点名	时间段	期次	沉降量 (mm)	沉降速度 (mm/d)
累计最大	Z_4	2010-08-28 ~ 2012-07-26	22	21.32	0.031
累计最小	Z_{12}	2010-08-28 ~ 2012-07-26	22	18.71	0.027
最大沉降	Z_4	2010-08-28 ~ 2012-07-26	22	21.32	0.031
平均沉降	全部点	2010-08-28 ~ 2012-07-26	22	20.08	0.029

表 6-11　沉降差分析

沉降差	点对	时间段	期次	沉降差(mm)	斜率(‰)
累计最大	$[Z_{12}]-[Z_4]$	2010-08-28 ~ 2012-07-26	22	-2.61	—
累计最小	$[Z_6]-[Z_3]$	2010-08-28 ~ 2012-07-26	22	-0.03	—
最大斜率	—	—	—	—	—

二、变形分析

从观测数据可以看出:

(1)主楼在(1~22 期)观测期间内,各点沉降量在 18.71~21.32 mm。最大相对沉降差$[Z_{12}]-[Z_4]$为 -2.61 mm,沉降差异不大。

(2)从第 22 期观测数据来看,各点日均沉降量在 0.020~0.042 mm/d,各点沉降速度均已超出 0.020 mm/d 的稳定指标。

三、结论

主楼在主体施工观测期间(1~22 期)沉降差异不大,沉降速度稍大。其符合一般建筑沉降规律,需继续观测。

工程案例设计四　数字测图

××项目数字测图

××电厂三期工程选址项目地形测量技术设计书

一、项目名称

××电厂三期工程选址项目地形测量。

二、施测目的

为××电厂三期工程选址项目初步设计、施工图阶段设计提供 1:1 000 地形图等基础测绘资料。

三、测区位置及施测范围

测区位于××市××县境内。主要施测范围为拟建的××电厂三期工程项目区。

四、坐标、高程起算系统

1980 年西安坐标系；1985 国家高程基准。

五、依据规范、图式

(1)《全球定位系统(GPS)测量规范》(GB/T 18314—2009)；

(2)《国家三、四等水准测量规范》(GB/T 12898—2009)；

(3)《全球定位系统实时动态测量(RTK)技术规范》(CH/T 2009—2010)；

(4)《1:500 1:1 000 1:2 000 外业数字测图技术规程》(GB/T 14912—2005)；

(5)《国家基本比例尺地图图式 第 1 部分:1:500 1:1 000 1:2 000 地形图图式》(GB/T 20257.1—2007)；

(6)《国家基本比例尺地图图式 第 2 部分:1:5 000 1:10 000 地形图图式》(GB/T 20257.2—2006)；

(7)《测绘技术设计规定》(CH/T 1004—2005)；

(8)《测绘成果质量检查与验收》(GB/T 24356—2009)；

(9)《数字测绘成果质量检查与验收》(GB/T 18316—2008)。

六、测量任务

(1)E 级 GPS 点:12 个；

(2)五等水准测量:6.5 km；

(3)1:1 000 地形图:约 2.25 km^2；

(4)埋石:12 座。

七、测量要求

(一)平面控制

1.平面系统

采用 1980 西安坐标系。

2.基础平面控制网的布设

(1)以 D 级 GPS 网作为测区的基本平面控制,GPS 控制网采用边网结合布网,控制网中不应出现自由基线。GPS 控制网至少联测三个三等以上国家等级三角点或 B 级 GPS 控制点或采用 NMGCORS 系统起算。

①作业模式采用 GPS 静态定位模式联测。边长投影至测区平均高程面上。基线较差、同步环闭合差、异步环闭合差、最弱基线边边长相对中误差等精度应满足《全球定位系统(GPS)测量规范》(GB/T 18314—2009)的要求。

②成果分别提供高斯面、测区平均高程面各一套。成果采用三度分带。

③GPS 网技术指标。

GPS 网观测基本技术要求如表 6-12 所示。

表 6-12　GPS 网观测基本技术要求

技术要求	技术要求
卫星截止高度角:≥15°	重复测量的最少基线数:≥5%
数据采集间隔:5～15 s	观测时段数:≥1.6
观测时间:D 级≥60 min、E 级≥40 min	同时观测有效卫星数:≥4
点位几何图形强度因子(PDOP):≤8	有效观测卫星总数:≥4

注:1.计算有效观测卫星总数时,应将各时段的有效观测卫星数扣除期间的重复卫星数。

　　2.观测时段长度,应为开始记录数据到结束记录的时间。

　　3.观测时段数≥1.6,指采用网观测模式时,每站至少观测一时段,其中二次设站点数应不少于 GPS 网总点数的 60%。

GPS 网主要技术要求如表 6-13 所示。

表 6-13　GPS 网主要技术要求

级别	相邻点平均距离（km）	相邻点基线分量中误差		最简异步环或附合路线的边数
		水平分量(mm)	垂直分量(mm)	
E	0.5～2	≤20	≤40	≤10

(2)D 级 GPS 点应埋设为旁点且应选在质地坚硬、稳固可靠的地方,以便于长期保存、利用并满足 GPS 观测的需要。标石类型见《全球定位系统(GPS)测量规范》(GB/T 18314—2009)附录 B。

(3)数据处理:平差计算方法采用整体网平差,数据处理采用随机软件进行。

(4)各项技术指标应满足《全球定位系统(GPS)测量规范》(GB/T 18314—2009)的相关规定要求。

3.平面控制加密

以 E 级 GPS 网作为测区的加密平面控制。E 级 GPS 网采用边连接方式构网。技术要求执行表 6-12、表 6-13 规定。

（二）高程控制

1.高程基准

采用 1985 国家高程基准。

2.基本高程控制网的布设

（1）以国家三等以上精度水准点为起始点，从测区布设四等水准路线，连测所有 D、E 级 GPS 点，以此作为测区的基本高程控制。

（2）施测前和施测过程中，按规范要求对仪器和标尺进行检视、检查及校准。成果随资料上交。使用的仪器应在检定的有效期内。

（3）对使用的水准点依据规范按相应等级进行检测。

水准测段、路线主要技术要求见表 6-14。

表 6-14　水准测段、路线主要技术要求　　（单位：mm）

等级	测段、路线往返测高差不符值	测段、路线左右路线高差不符值	附合路线或环线闭合差	检测已测测段高差的差	每千米偶然中误差 $M_\triangle$	每千米全中误差 M_W
四等	≤ ±20	≤ ±14	≤ ±20	≤ ±3	≤ ±5.0	≤ ±10.0
五等	≤ ±30	≤ ±20	≤ ±30	≤ ±4	≤ ±7.5	≤ ±15.0
图根	—	—	≤ ±40	—	—	≤ ±20.0

测站主要技术要求见表 6-15。

表 6-15　测站主要技术要求

等级	仪器类别	视线长度	前后视距差	任一测站上前后视距累计差	基辅分划读数差	基辅分划所测高差之差	数字水准仪重复测量次数	视线高度
四等	DS3	≤100 m	≤3.0 m	≤10.0 m	≤3.0 mm	≤5.0 mm	≥2	三丝能读数
	DS1、DS05	≤150 m						
五等	DS1	≤150 m	≤20 m	≤100 m	≤4.0 mm	≤6.0 mm	—	—
图根	DS1	≤150 m	≤20 m	≤100 m	≤4.0 mm	≤6.0 mm	—	—

3.图根高程控制

图根高程控制可采用附合或闭合水准施测,或采用电磁波测距三角高程同图根导线一并进行。各项技术要求见《工程测量规范》(GB 50026—2007)。

(三)地形图测量

1.基本要求

(1)采用数字化测图。基本等高距为1.0 m。

(2)成果图提供数据光盘(包括地形总图、分幅图),地形图采用50 cm×50 cm标准分幅图。

(3)地形点高程在1:1 000地形图上注记至0.01 m,地形点间距为图上2~3 cm一个点。

2.碎步点采集

野外碎步点采集利用RTK直接测取地物和地形点坐标并储存于手薄内。

3.地形测量

按甲方指定施测范围我单位统计共完成约2.25 km² 地形图测绘工作,具体地形图测绘总结如下:

(1)地形图表示了测量控制点、居民地和垣栅、工矿建(构)筑物及其他设施、交通及附属设施、管线及附属设施、地貌和土质、植被等各项地物、地貌要素,以及地理名称注记等。

(2)居民地的各类建筑物、构筑物及主要附属设施准确测绘实地外围轮廓和如实反映建筑结构特征。房屋轮廓以墙基角为准,并按建筑材料和性质分类,注记层数。房屋逐个表示,临时性房屋舍去。建筑物和围墙轮廓凹凸在图上小于0.4 mm,简单房屋小于0.6 mm时,用直线连接。

(3)自然形态的地貌用等高线表示,崩塌残蚀地貌、坡、坎和其他特殊地貌用相应符号或用等高线配合符号表示。各种天然形成的人工形修筑的坡、坎,其坡度在70°以上时表示为陡坎,在70°以下时表示为斜坡。斜坡在图上投影宽度小于2 mm时,以陡坎符号表示。当坡、坎比高小于1/2基本等高距或在图上长度小于5 mm时,不表示;当坡、坎密集时,做适当取舍。梯田坎坡顶及坡脚宽度在图上大于2 mm时,实测坡脚。坡度在70°以下的石山和天然斜坡,用等高线或用等高线配合符号表示。独立石、土堆、坑穴、陡坎、斜坡、梯田坎、露岩地等在上下方分别测注高程或测注上(或下)方高程及量注比高。

(4)植被在地形图上正确反映出植被的类别特征和范围分布。对耕地、园地实测范围,配置相应的符号表示。同一地段生长有多种植被时,按经济价值和数量适当取舍,符号配置不超过三种。田埂宽度在图上大于2 mm的用双线表示,小于 2 mm 的用单线表示。

（5）各种名称注记、说明注记和数字注记准确注出。图上所有居民地、道路、山岭、沟谷、河流等自然地理名称,以及主要单位等名称,均进行调查核实注记于图上。

（6）内业成图:

①将野外采集的数据下载入计算机内。

②数据编辑。

③碎步展点。

④根据展点利用手工在计算机上绘制与实地相符合的地形图。

八、提交资料

（一）综合卷

技术设计书、测量报告、检查验收报告、有关质量管理运行记录。

（二）原始卷

仪器检验资料。（复印件）

（三）成果卷

（1）埋石点成果表。（数据光盘及纸质成果表）

（2）1∶1 000 比例尺地形图。（数据、图形文件）

九、提交资料时间

2010 年 12 月 20 日前提交全部成果资料。

××电厂三期工程选址项目地形测量技术总结

一、概述

（一）工程概况

根据测量技术设计书的要求,我公司于 2010 年 10 月 12 日至 2010 年 12 月 15 日对××电厂三期工程选址项目进行了勘测设计阶段的测量工作。

（二）测区自然条件概况

测区位于××市××县境内。本次任务为测图,面积约 2.25 km² 的 1∶1 000 地形图。测区处于温带大陆性季风气候区,立体气候特征明显,四季分明,地区差异显著。

（三）作业技术依据

（1）《全球定位系统（GPS）测量规范》（GB/T 18314—2009）；

（2）《国家三、四等水准测量规范》（GB/T 12898—2009）；

（3）《全球定位系统实时动态测量（RTK）技术规范》（CH/T 2009—2010）；

（4）《第 2 部分：1:500 1:1 000 1:2 000 外业数字测图技术规程》（GB/T 14912—2005）；

（5）《国家基本比例尺地图图式　第 1 部分：1:500 1:1 000 1:2 000 地形图图式》（GB/T 20257.1—2007）；

（6）《国家基本比例尺地图图式　第 2 部分：1:5 000　1:10 000 地形图图式》（GB/T 20257.2—2006）；

（7）《测绘技术设计规定》（CH/T 1004—2005）；

（8）《测绘成果质量检查与验收》（GB/T 24356—2009）；

（9）《数字测绘成果质量检查与验收》（GB/T 18316—2008）。

（四）已有资料情况

测区内已收集到国家 1:10 000 地形图，可作为工作用图；平面控制起算点为 1980 西安坐标系统。所有成果坐标系统均为 1980 西安坐标系。

测区内高程起算点为 1985 国家高程系统。所有成果高程为 1985 国家高程基准。

二、仪器设备

参与本项目人员共有 10 人，其中高级工程师 1 人、工程师 2 人、技术员 6 人、技师 1 人。

主要仪器配置见表 6-16。

表 6-16　主要仪器配置

设备名称	台（套）
南方灵锐 S86 GPS 接收机	7
托普康 GTS – 332N 全站仪	1
Trimble DiNi12 电子水准仪	1
笔记本电脑	3
南方成图软件 CASS9.1	3
汽车	2

三、控制测量

(一)平面控制测量

(1)坐标系统采用 1980 西安坐标系。

(2)根据《××电厂三期工程选址项目测量技术设计书》技术要求,本测区布设 E 级 GPS 网作为测区的平面控制。平面控制全部使用南方灵锐 S86 GPS 接收机静态观测方法施测,在测区内布设 E 级 GPS 点 4 个。内业采用"HDS2007(全球版)数据处理软件"进行数据处理平差计算,GPS 网基线最弱边(GPS1 – GPS2)相对中误差为 1∶135 534,最弱点(GPS4)平面中误差为 0. 000 8 m。各等级控制精度及作业方法满足《全球定位系统(GPS)测量规范》(GB/T 18314—2009)。

(3)根据《××电厂三期工程选址项目测量技术设计书》技术要求,本测区采用计算机(T400 THINKPAD),软件(NSY – DUHSMSK – 2013)及高程抵偿面投影计算程序计算,以 GPS1 为基点,投影 GPS2,边长变形控制在 1∶40 000 以内。并用实测边长作为校核,观测精度、成果质量满足《测绘产品质量评定标准》(CH 1003—1995)"优级品"要求。

(二)高程控制测量

(1)高程系统采用 1985 国家高程基准。

(2)高程控制采用五等水准作为测区基础高程控制,并联测测区内所有 E 级 GPS 埋石点。布设成闭合水准路线,五等水准精度观测。以 GPS1 作为已知点组成节点网平差,五等水准线路长度为 1.2 km,闭合差为 0.009 m,限差为 ±0.026 m。作业过程使用 Trimble DiNi12 电子水准仪观测,T400 THINKPAD 计算机计算,NSY – DUHSMSK 软件进行外业记录及内业平差计算。观测精度、成果质量满足《测绘产品质量评定标准》(CH 1003—1995)"优级品"要求。

四、地形测量

地形测量作业方法:

(一)碎步点采集

野外碎步点采集利用 RTK 直接测取地物和地形点坐标并储存于手薄内。

(二)地形测量

按甲方指定施测范围我单位统计共完成约 2.25 km² 地形图测绘工作,具体地形图测绘总结如下：

（1）地形图表示了测量控制点、居民地和垣栅、工矿建（构）筑物及其他设施、交通及附属设施、管线及附属设施、地貌和土质、植被等各项地物、地貌要素，以及地理名称注记等。

（2）居民地的各类建筑物、构筑物及主要附属设施准确测绘实地外围轮廓和如实反映建筑结构特征。房屋轮廓以墙基角为准，并按建筑材料和性质分类，注记层数。房屋逐个表示，临时性房屋舍去。建筑物和围墙轮廓凹凸在图上小于 0.4 mm，简单房屋小于 0.6 mm 时，用直线连接。

（3）自然形态的地貌用等高线表示，崩塌残蚀地貌、坡、坎和其他特殊地貌用相应符号或用等高线配合符号表示。各种天然形成的和人工修筑的坡、坎，其坡度在 70° 以上时表示为陡坎，在 70° 以下时表示为斜坡。斜坡在图上投影宽度小于 2 mm 时，以陡坎符号表示。当坡、坎比高小于 1/2 基本等高距或在图上长度小于 5 mm 时，不表示；当坡、坎密集时，做适当取舍。梯田坎坡顶及坡脚宽度在图上大于 2 mm 时，实测坡脚。坡度在 70° 以下的石山和天然斜坡，用等高线或用等高线配合符号表示。独立石、土堆、坑穴、陡坎、斜坡、梯田坎、露岩地等在上下方分别测注高程或测注上（或下）方高程及量注比高。

（4）植被在地形图上正确反映出植被的类别特征和范围分布。对耕地、园地实测范围，配置相应的符号表示。同一地段生长有多种植被时，按经济价值和数量适当取舍，符号配置不超过三种。田埂宽度在图上大于 2 mm 的用双线表示，小于 2 mm 的用单线表示。

（5）各种名称注记、说明注记和数字注记准确注出。图上所有居民地、道路、山岭、沟谷、河流等自然地理名称，以及主要单位等名称，均进行调查核实注记于图上。

（6）内业成图

①将野外采集的数据下载入计算机内。

②数据编辑。

③碎步展点。

④根据展点利用手工在计算机上绘制与实地相符合的地形图。

（7）地形测量完成情况

地形图测绘采用南方灵锐 S86 GPS RTK 进行野外采集数据、南方 Cass 9.1成图软件数字化测图。共完成 1:1 000 地形图 2.25 km²。

地形图分幅采用 50 cm × 50 cm 正方形分幅。

1∶1 000 地形图基本等高距为 1.0 m。

外业检查情况:对所测地形图按规范要求进行了一定比例的散点检查,成果质量满足《测绘产品质量评定标准》(CH 1003—1995)"优级品"要求。

五、组级检查情况

根据该项目技术设计书的要求,作业前依据规程、规范对所使用仪器进行了相应项目的检校。作业过程中,严格按规程、规范要求作业。对所提交的成果资料,项目组进行了详细的自检互校,检查情况见"项目校审卡",对发现的问题进行了修改。成果资料产品质量总评为"优",可以提供设计使用资料。

(1)作业小组对所测成果进行自查,确认无误后上交总工办检查。

(2)对成果质量检查的比例是:作业小组达到 100%;总工办室内检查 100%;室外按总面积不低于 30% 进行检查。

(3)所有成果室内进行了 100% 检查。

六、结论与建议

我单位认为:××电厂三期工程选址项目地形图测量的资料齐全,采用的技术先进,成果质量优良,资料齐全、完整,内容翔实,装订格式规范。成果准确可靠,控制布设合理,各级控制面积达到合同要求,可提交验收,成果资料可提供甲方使用。

七、提交资料

(一)综合卷
技术设计书、测量报告、检查验收报告、有关质量管理运行记录。

(二)原始卷
仪器检验资料。(复印件)

(三)成果卷
(1)埋石点成果表。(1 册)
(2)1/1 000 地形图。(9 幅)
图 6-15 为托县电厂三期选址地形图成果之一。

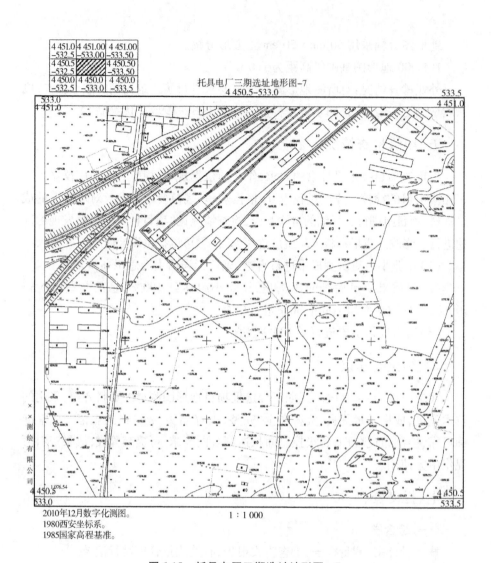

4 451.0	4 451.00	4 451.00
-532.5	-533.00	-533.50
4 450.5		4 450.50
-532.5		-533.50
4 450.0	4 450.0	4 450.0
-532.5	-533.0	-533.5

托具电厂三期选址地形图-7

4 450.5-533.0

2010年12月数字化测图。
1980西安坐标系。
1985国家高程基准。

1：1 000

图6-15 托县电厂三期选址地形图 -7

参考文献

[1] 赵志群.典型工作任务分析与学习任务设计[J].职教论坛,2008(12):1.

[2] 戴士弘.职业教育课程教学改革[M].北京:清华大学出版社,2007.

[3] 姜大源.论高等职业教育课程的系统化设计——关于工作过程系统化课程开发的解读[J].中国高教研究,2009(4):66-70.

[4] 弓永利.建筑工程测量实训[M].武汉:武汉大学出版社,2013.

[5] 潘松庆.工程测量技术实训[M].2版.郑州:黄河水利出版社,2011.

[6] 中华人民共和国建设部,中华人民共和国国家质量监督检验检疫总局.工程测量规范.GB 50026—2007[S].北京:中国计划出版社,2008.

[7] 国家测绘局.国家一、二等水准测量规范:GB/T 12897—2006[S].北京:中国标准出版社,2006.

[8] 中华人民共和国国家质量监督检验检疫总局.国家三、四等水准测量规范.GB/T 12898—2009[S].中国国家标准化管理委员会.北京:中国标准出版社,2009.

[9] 中华人民共和国质量监督检验检疫总局.全球定位系统(GPS)测量规范,中国国家标准化管理委员会:GB/T 18314—2009[S].北京:中国标准出版社,2009.